［波］马尔钦·扬·戈拉兹多夫斯基　著

马勤勤　译

自然观察探索百科丛书

两栖动物和爬行动物大百科

四川科学技术出版社

图书在版编目（CIP）数据

两栖动物和爬行动物大百科 / (波) 马尔钦·扬·戈拉兹多夫斯基著；马勤勤译. -- 成都：四川科学技术出版社，2024.8. --（自然观察探索百科丛书）.
ISBN 978-7-5727-1418-4

Ⅰ. Q959.5-49；Q959.6-49
中国国家版本馆CIP数据核字第2024XS9615号

审图号：GS 川（2024）144号

著作权合同登记图进字21-2024-070
Copyright©MULTICO Publishing House Ltd.,Warsaw Poland
The simplified Chinese translation rights arranged through Rightol Media
（本书中文简体版权经由锐拓传媒旗下小锐取得Email:copyright@rightol.com）

自然观察探索百科丛书
ZIRAN GUANCHA TANSUO BAIKE CONGSHU

两栖动物和爬行动物大百科
LIANGQI DONGWU HE PAXING DONGWU DA BAIKE

著　　　者	[波]马尔钦·扬·戈拉兹多夫斯基	
译　　　者	马勤勤	
出 品 人	程佳月	
责 任 编 辑	钱思佳　黄云松	
助 理 编 辑	魏语鄢	
选 题 策 划	鄢孟君	
特 约 编 辑	李文珂	
装 帧 设 计	宝蕾元仁浩（天津）印刷有限公司	
责 任 出 版	欧晓春	
出 版 发 行	四川科学技术出版社	

成都市锦江区三色路238号　邮政编码：610023
官方微博：http://weibo.com/sckjcbs
官方微信公众号：sckjcbs
传真：028-86361756

成 品 尺 寸	230 mm × 260 mm	
印　　　张	$8\frac{2}{3}$	
字　　　数	173千	
印　　　刷	宝蕾元仁浩（天津）印刷有限公司	
版次 / 印次	2024年8月第1版 / 2024年8月第1次印刷	
定　　　价	78.00元	

ISBN 978-7-5727-1418-4

邮　　　购：四川省成都市锦江区三色路238号　邮政编码：610023
电　　　话：028-86361770

■ 版权所有　翻印必究 ■

两栖动物和爬行动物
——处处可见，却鲜为人知

　　几乎每个人都能随口说出许多鸟或哺乳动物的名字，既有本土的，也有来自异国他乡的。但提到两栖动物和爬行动物，大多数人的认知就显得有些匮乏。实际上，这两大类脊椎动物不仅对地球的生物多样性有巨大贡献，更对全球经济发展有着不可或缺的作用。

　　如果没有以昆虫、小型啮齿动物为食的两栖动物和爬行动物，农作物产量将大幅度下降，数百万人将不得不面对饥荒。

　　两栖动物与水有着紧密的联系，而爬行动物的生殖和发育在漫长的进化历程中已经摆脱了对水环境的依赖。为了生存和繁衍，这两类动物都进化出了各种攻击、防御、伪装以及繁殖的策略，它们有的喷射致命的毒液，有的能从皮肤中分泌出强烈的毒素，还有一些则利用保护色巧妙地隐匿于环境之中。

　　随着我们对两栖动物与爬行动物的了解日益增进，我们更加认识到它们在生态系统中扮演的重要角色。那些曾被贴上"冷漠""滑腻""令人作呕"标签的生物，如今也赢得了人们越来越多的关注和喜爱。过去，为这些动物修建安全通道还被视为不必要的开支，但现今，这些通道在很多国家被视作必要且标准的设施，这都源于我们逐渐认识到它们在生态平衡中的独特地位。

　　与其他动物相比，我们对两栖动物和爬行动物的了解仍有待加深。因此，我想鼓励所有读者更多地了解它们，不仅是生活在自己国家的，还有生活在世界各地的其他种类。这样，即使突然被问到，你也可以自信地列出几种来。我相信，阅读本书将是一个很好的开始。

马尔钦·扬·戈拉兹多夫斯基

目录

蝾螈
神秘的"小龙"

蝾螈并不像我们想象中那么稀有，与它们相遇也不是没有可能。如果我们开始有意识地去寻找它们，一定能在某个角落发现它们的踪迹。蝾螈与蜥蜴很像，很多人会觉得它们是近亲。实际上它们是差异比较大的两种动物，蝾螈属于两栖纲，蜥蜴属于爬行纲。

藏身于暗处的弱者

蝾螈是身形纤长、尾部扁平的两栖动物。它在水中活动自如，在陆地上则显得行动迟缓且笨拙。蝾螈会捕猎小型无脊椎动物，如水蚤、蜘蛛、蜗牛等。

蝾螈是陆生动物，主要在傍晚或夜间活动。它的皮肤娇嫩、湿润，需要相对凉爽和潮湿的环境。隐秘的居住地再加上笨拙迟缓的行动能力，使它像

是藏身于暗处的弱者。蝾螈在洞穴、裂缝或森林地表的落叶堆中过冬。它们几乎没有自我防御能力，只能依赖身体产生的毒素让天敌难以下咽，从而保护自己。

纤细的四肢

橙色的腹部

锯齿状的皮肤
褶皱（雄性）

高山欧螈
Ichthyosaura alpestris

体长： 最长可达 12 厘米
科： 蝾螈科

高山欧螈几乎在中欧的所有山脉都有发现。雌性的体形一般比雄性大。

蝾螈的幼体有外鳃，外腮会在蜕变过程中逐渐消失

水中繁殖

春天，蝾螈会迁移到浅水区或水流缓慢的河道附近。雄性会在水中为雌性表演一种特殊的舞蹈，以赢得雌性的青睐。成功交配后，雌性会在水草的叶子间产卵。

雌性高山欧螈正在产卵

欧洲蝾螈
Lissotriton vulgaris

体长： 8~11 厘米
纲： 两栖纲
目： 有尾目
科： 蝾螈科

欧洲蝾螈也叫普通滑螈，其雌性的体形通常比雄性小。在繁殖季节，雄性的背部会形成更鲜艳的图案和明显的鳍。

大冠欧螈
Triturus cristatus

体长： 8~16 厘米
纲： 两栖纲
目： 有尾目
科： 蝾螈科

大冠蝾螈的雌性的体形通常比雄性大。在繁殖季节，雄性会出现明显的锯齿状背鳍。

喀尔巴阡滑螈
Lissotriton montandoni

体长： 最长可达 10 厘米
纲： 两栖纲
目： 有尾目
科： 蝾螈科

从波兰南部到乌克兰西部再到罗马尼亚地区皆有分布。

火蝾螈
Salamandra salamandra

体长： 10 ~ 32 厘米
纲： 两栖纲
目： 有尾目
科： 蝾螈科

8

火蝾螈
从火焰中诞生

"火蜥蜴""火之女"或"从火焰中诞生"……这些只是火蝾螈这一欧洲最大的有尾两栖动物的部分外号。在传说中，人们认为火蝾螈能抵抗火焰，甚至有引发和扑灭火灾的能力。它的名字来源于波斯语或阿拉伯语的"沙罗曼达"，意为"生活在火中"。

每一只都独一无二

火蝾螈是夜行动物，白天通常只在阴天或雨后露面，因此我们很少能见到它。火蝾螈外观独特，它的皮肤呈沥青色，上面布满了不规则的深黄色斑点（极少数为淡黄色、橙色或棕色），而每只火蝾螈的斑点分布都是独一无二的。所以，世上没有两只火蝾螈是完全相同的！

毒腺

背部的黄斑

每一只火蝾螈都是独一无二的

化学防御还是隐蔽住所？

火蝾螈拥有圆柱形的身体和尾巴，行动非常缓慢。当受到惊吓或遇到危险时，火蝾螈不会逃跑，而是从皮肤腺体中释放出生物碱类神经毒素以应对威胁。当然，如果可以，它更愿意躲在深深的洞穴、岩石缝隙或者腐烂的树干中减少被天敌发现的机会。

在林间溪流旁

雌性火蝾螈在分娩前会将自己半浸入水中

你可以在东欧的山脉中寻找到火蝾螈的身影。它们的栖息地主要位于阔叶林（尤其是山毛榉林）或混合林中，那里湿润、凉爽且少有阳光。清澈的溪流对火蝾螈来说也至关重要。

"火" 之名从何而来？

这一胆小而带有毒性的两栖动物怎么会和火有关联呢？事实上，火蝾螈喜欢藏身在木头缝隙中，当人们将木材投入火中燃烧时，躲藏其中的火蝾螈会从热浪中惊逃出去，如从火焰中诞生。这便是它名字的来源。

火蝾螈生活在陆地上，但需要在水中繁殖后代。雌性火蝾螈会在体内孵化出成形的幼体，并将其产在水中。这些幼体看起来与蝌蚪相似，但颜色为灰褐色，且在头部后方长有形状像小翅膀的鳃。

火蝾螈宝宝的尾巴周围长着一个鳍

行动迟缓的捕食者

尽管火蝾螈是肉食动物，但由于行动缓慢，只能选择比自身更为迟缓的猎物。因此，火蝾螈的猎物主要是蜗牛、蚯蚓等。作为冷血动物，火蝾螈喜欢凉爽的环境，新陈代谢相对较慢，因此它可以忍受几周不进食的生活。

火蝾螈有大大的、外凸的眼睛和圆圆的嘴

棕色锄足蟾
Pelobates fuscus

体长： 5~8 厘米
纲： 两栖纲
目： 无尾目
科： 锄足蟾科

棕色锄足蟾
幼体比成体更大

棕色锄足蟾偏爱干燥的环境，例如阔叶林、混合林、针叶林、较干燥的草地和农田，甚至是沙质土地。它还喜欢居住在土豆田或者谷物田里。为什么呢？因为在紧实湿润的土壤中，棕色锄足蟾无法快速钻入地下，而这正是它的主要防御方式。

像猫一样的眼睛

棕色锄足蟾有着向外凸的大眼睛，这是为了适应夜间的生活。

10

皮肤上的彩色斑点

棕色锄足蟾
瞳孔垂直

当受到刺激时，棕色锄足蟾会从其皮肤的腺体中释放出一种具有强烈大蒜味的分泌物

在林间溪流旁

你可以在东欧的山脉中寻找到火蝾螈的身影。它们的栖息地主要位于阔叶林（尤其是山毛榉林）或混合林中，那里湿润、凉爽且少有阳光。清澈的溪流对火蝾螈来说也至关重要。

雌性火蝾螈在分娩前会将自己半浸入水中

"火"之名从何而来？

这一胆小而带有毒性的两栖动物怎么会和火有关联呢？事实上，火蝾螈喜欢藏身在木头缝隙中，当人们将木材投入火中燃烧时，躲藏其中的火蝾螈会从热浪中惊逃出去，如从火焰中诞生。这便是它名字的来源。

火蝾螈生活在陆地上，但需要在水中繁殖后代。雌性火蝾螈会在体内孵化出成形的幼体，并将其产在水中。这些幼体看起来与蝌蚪相似，但颜色为灰褐色，且在头部后方长有形状像小翅膀的鳃。

火蝾螈宝宝的尾巴周围长着一个鳍

行动迟缓的捕食者

尽管火蝾螈是肉食动物，但由于行动缓慢，只能选择比自身更为迟缓的猎物。因此，火蝾螈的猎物主要是蜗牛、蚯蚓等。作为冷血动物，火蝾螈喜欢凉爽的环境，新陈代谢相对较慢，因此它可以忍受几周不进食的生活。

火蝾螈有大大的、外凸的眼睛和圆圆的嘴

棕色锄足蟾

Pelobates fuscus

体长: 5~8厘米
纲: 两栖纲
目: 无尾目
科: 锄足蟾科

欧洲

棕色锄足蟾
幼体比成体更大

棕色锄足蟾偏爱干燥的环境, 例如阔叶林、混合林、针叶林、较干燥的草地和农田, 甚至是沙质土地。它还喜欢居住在土豆田或者谷物田里。为什么呢? 因为在紧实湿润的土壤中, 棕色锄足蟾无法快速钻入地下, 而这正是它的主要防御方式。

像猫一样的眼睛

棕色锄足蟾有着向外凸的大眼睛, 这是为了适应夜间的生活。

棕色锄足蟾
瞳孔垂直

皮肤上的彩色斑点

当受到刺激时, 棕色锄足蟾会从其皮肤的腺体中释放出一种具有强烈大蒜味的分泌物

隐藏

在受到威胁时，棕色锄足蟾会利用其强健的后腿以及有着厚厚角质的脚跟挖出一个地洞，随后藏进去。它常用土壤掩盖自身的头部和背部。在冬季，棕色锄足蟾会躲在由鼹鼠、灰沙燕或是其他小型哺乳动物遗弃的深洞中。如果找不到这样的洞穴，它自己也能够挖出深达2米的洞穴！

求爱

棕色锄足蟾的发情期在春季，雄性个体只在水下轻声发出求爱的叫声，因此我们听到的仅是被抑制的低沉声。

雄性的体形通常要比雌性小很多

11

幼体与成体的惊人差异

雌性棕色锄足蟾可能会产下多达3 500个卵，这些卵被串在一条长线上。蝌蚪生长迅速，在变态发育前可能会达到惊人的18厘米！然而，经过变形后的棕色锄足蟾长度仅有5~8厘米。

在欧洲的两栖动物中，锄足蟾科的蝌蚪形态是最大的

产婆蟾

产婆蟾
Alytes obstetricans

体长： 4～6 厘米
纲： 两栖纲
目： 无尾目
科： 盘舌蟾科

爸爸带娃

在欧洲的爬行两栖动物中，产婆蟾是一个很奇特的物种。雄性会极其用心地照看自己的孩子，这是一项非常繁重的任务。

欧洲

垂直的瞳孔

皮肤上有许多疣状突起

陆地也可见

产婆蟾能够在陆地生存，甚至能在非常干燥的环境中生存。夜间，它们进行捕猎，而在白天，它们会躲藏在鼹鼠洞等深深的洞穴中，以避免身体过度干燥。雄性蟾蜍从它们的藏身处发出突突突的高音，以这种方式向雌性传达了一个简单的信息：我在这里。因为在这个物种中，是雌性主动寻找雄性并努力赢得青睐。

雄性产婆蟾常躲在阴影中

生活在山里的物种

产婆蟾仅在山麓和山地中出现，生活区域的海拔可达 1 500 米。在欧洲，它们的栖息地起始于法国，经过比利时和荷兰，再到瑞士的北部和西部，直至德国中部。

雄性产婆蟾会照看卵14~50天。在孵化成蝌蚪前，它会带着这些卵进入水里，以便幼体可以开始独立生活

负责任的照看者

雌性产婆蟾会在陆地上产下两串卵，数量可达80个。受精后，雄性会把卵缠绕在自己的后腿上。雄性有时在几天后还会和另一位雌性结合，这将为它增添更多的"负担"。雄性带着这些受精卵回到它的藏身处进行照料。如果天气过于干燥，它会在夜晚去附近的水域泡澡，直到卵获得充足的水分。

黄条背蟾蜍
Epidalea calamita

体长：最长可达 8 厘米
纲：两栖纲
目：无尾目
科：蟾蜍科

黄条背蟾蜍
背部条纹明显

对于稀有之物，我们的了解往往很少。当然，这并不是说我们对于顶级珠宝或豪华汽车品牌的独特型号知之甚少，但当涉及动植物，这条定律却很适用。黄条背蟾蜍是波兰较为稀有的两栖动物之一。遗憾的是，大部分人从未听说过这种动物。

明亮的条纹

水平的瞳孔

危险的世界

黄条背蟾蜍皮肤上的疣点能分泌出有毒的物质。即使这样，它还是有许多天敌，如草蛇、鼬獾、灰鹭、乌鸦，甚至还有喜鹊。

比农药更好的守护者

对于花园主人来说，大蟾蜍是尽责的守护者。花园中有着各种害虫，只要有大蟾蜍，化学农药的使用通常比其他地方要少。大蟾蜍有着无尽的食欲，因此它既能消灭甲虫（包括马铃薯甲虫）和其他昆虫，也能吞食毛毛虫、蜗牛，甚至是小型啮齿动物！大蟾蜍能够利用其黏稠的长舌迅速捕获猎物。

让捕食者难以下咽

尽管大蟾蜍动作缓慢，难以逃离天敌的捕猎，但除了其皮肤的毒液外，它还会通过身体膨胀来增大自己的体积，不让捕食者轻易吞下。

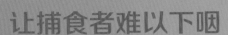

大蟾蜍不仅经常成为草蛇的猎物，甚至猫头鹰、鼬鼠和水獭也会将它们作为食物

搭便车的旅行者

每年春天，大蟾蜍都会迁移到较小的水域进行繁殖。它们通常会努力返回到自己出生的那个池塘，尽管我们并不清楚它们是如何找到正确的路线的。如果雄性在迁移过程中找到了伴侣，它通常会骑在雌性背上共同完成这段旅程。

大蟾蜍的卵以绳状串连的方式存在，每一条中都包裹着数量众多的卵

多彩铃蟾
Bombina variegata

体长： 4～5厘米
纲： 两栖纲
目： 无尾目
科： 铃蟾科

红腹铃蟾
Bombina bombina

体长： 最长可达6厘米
纲： 两栖纲
目： 无尾目
科： 铃蟾科

欧洲

多彩铃蟾和红腹铃蟾
谁的歌声如此动听？

许多人可能并未亲眼见过铃蟾，但他们对那独特的叫声却并不陌生。这种声音使人联想到春天的"蛙音乐会"，那每隔几秒重复的有节奏的叫声，便是铃蟾的爱情之歌。人们误以为所有无尾两栖动物都被称为"蛙"，所以当孩子们好奇地问："青蛙是怎么叫的？"人们常回应"呱呱叫"。但事实上呱呱声是铃蟾的专属。

三角形的瞳孔

黄色斑点

不同的生活环境

多彩铃蟾喜欢在海拔较高的地区栖息，例如海拔高达1 600米的喀尔巴阡山脉，而红腹铃蟾则对海拔没有要求。这两种铃蟾都与水环境有着非常紧密的关系，在那里它们度过了生命的大部分时光。尽管如此，它们偶尔也会离开水域，但大都是为了寻找新的水源。

多彩铃蟾

红腹铃蟾

铃蟾有反射行为吗？

在陆地上遇到危险时，铃蟾往往不会逃跑，而是依靠其皮肤中强效的毒素进行防御。它们会尝试通过向上弯曲身体的前部和后部，展示其四肢和喉咙下的鲜艳斑点来震慑攻击者。这种特殊的反应被称为"铃蟾反射"。

必须承认，像铃蟾那样拥有心形瞳孔的动物并不多

如果这仍不能让攻击者退缩，铃蟾会翻身，向捕食者展示其斑斓的腹部（这是多彩铃蟾的特性）

不同颜色的肚皮

虽然两种铃蟾在外观上相似，都有结实的身体和棕黑色的背部，并且背部布满许多小疙瘩，但它们腹部的颜色有所不同。红腹铃蟾的腹部有着橙红色的斑点，而多彩铃蟾的腹部则有黄色或橙黄色的斑点。

心形瞳孔

铃蟾拥有一种极为独特、有趣的外貌特征，就是它们的瞳孔形状——不是常见的圆形，而是呈倒三角形或心形，像是随时在发射"爱心"。

欧洲

田野林蛙

Rana arvalis

体长: 4~8厘米
纲: 两栖纲
目: 无尾目
科: 赤蛙科

田野林蛙
大自然的蓝宝石

追逐蓝色的奥秘

田野林蛙的颜色从浅黄、棕色到深巧克力色都有。尽管与同样生活在欧洲的林蛙和捷蛙有着相似之处,但田野林蛙背部那明亮的条纹让它与众不同(其他蛙类中只偶尔出现并且没那么明显)。

许多人会为了追寻这种"普通"的蛙而奔波数年,特别是摄影爱好者。大家为什么会这么做呢? 答案隐藏在其独特的颜色之中。在我们的动物王国里,再没有第二种蓝色的两栖动物。这抹蓝色有多难找到呢? 田野林蛙只有在特定时期会呈现蓝色,而且并不是每只田野林蛙都会如此。

明亮的条纹

棕黄色的皮肤

蓝色之谜

田野林蛙在树叶堆、树枝下或洞穴度过冬季。3月中旬，它们从冬眠中醒来，然后立刻开始寻找水域。当气温达到10℃时，它们的交配季就开始了。交配季时，雌蛙的颜色不会有改变，但雄蛙的颜色会变成蓝色，这与它们皮下淋巴的积累有关。

一对田野林蛙

在哪能找到它？

在欧洲中南部，田野林蛙在低地地区相当常见。除了交配季节，它们并不总是待在水域，并且对干旱环境非常适应，因此，你还可以在云杉林、混合林、草地甚至农田中遇见它们。

难处在于……

遗憾的是，田野林蛙开始交配，并不意味着蓝色的雄蛙就能轻易被观察到。首先，它们皮肤颜色的饱和度受温度和日照影响。其次，田野林蛙非常警觉，一旦感受到危险，就会立即潜入水中。此外，在感受到压力时，它们会立刻失去交配时的蓝色。当雄蛙踏上陆地时，它们的蓝色也会消失。

生命的继续

交配结束后，成年蛙返回各自的栖息地，而水底则留下多达3 000个卵团。从这些卵中，小小的蝌蚪逐渐孵化而出，经过75~90天的成长，它们会变成仅有1.5厘米的小蛙。之后，它们开始陆地生活，独自成长，为迎接冬季做好准备。

随着时间的流逝，这些卵团会浮到水面上

欧洲雨蛙

Hyla arborea

体长： 约5厘米
纲： 两栖纲
目： 无尾目
科： 雨蛙科

欧洲雨蛙
小小"变色龙"

通常情况下，你会看到欧洲雨蛙静静地趴在灌木或绿叶上，等待闯入捕猎范围的昆虫和蜘蛛——这些都是它的主要食物。尽管大多时候欧洲雨蛙喜欢待在接近地面处，但偶尔你也会在高达10米的树上发现它的身影。

指尖的吸盘

光滑的绿色皮肤

得益于指尖上的吸盘和轻盈的身体，欧洲雨蛙能轻松在叶子上攀爬

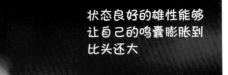
状态良好的雄性能够让自己的鸣囊膨胀到比头还大

小身体，大嗓门

与其他两栖动物一样，欧洲雨蛙需要在水中繁衍后代。暮春时节，雄蛙在水塘中争夺领地和雌性的青睐。它们通过特殊的叫声来吸引雌蛙。这种尖锐的咯咯声具有极强的穿透性，甚至能传到2千米之外。

变色龙的亲戚？

欧洲雨蛙的背部为鲜明的草绿色，而其腹部则呈现出奶油、淡黄或淡灰的柔和色调。仔细观察你会发现，雨蛙的背部颜色会因环境、温度、湿度甚至自身状态而产生变化。因此，你可能会遇到从近乎黄色到深灰、棕色甚至接近黑色的雨蛙。尽管它的变色速度不及变色龙，但你仍然能够在大约20分钟内观察到它显著的变化。

大自然的气象台？

以前有人观察到，在晴朗的日子里，欧洲雨蛙喜欢爬到较高的位置，而在雨天来临前，它们会移动到较低的地方。于是，一些人会将它们放入大瓶子或带有内部梯子的玻璃箱中，通过观察其行为来预测天气。但实际上，雨蛙的这种行为更多是为了追踪昆虫。所以，那些被关在玻璃箱里的雨蛙往往并不能预测天气。

成长与冬眠

欧洲雨蛙交配后将在水中留下大量受精卵。由卵孵化出的蝌蚪大约需要3个月的时间进行发育。如果秋季的寒流提前到达，这些蝌蚪会选择进入冬眠，到次年春天才会继续其生长过程。

成功捕食的欧洲雨蛙

欧洲泽龟

Emys orbicularis

体长： 14～25 厘米
纲： 爬行纲
目： 龟鳖目
科： 泽龟科

24

欧洲泽龟
见证历史的龟类

欧洲泽龟的寿命一般为40～60年，但某些特别的个体或许能活过100年。想象一下，这意味着它们可能亲眼见证了百年来的各种变化。遗憾的是，它们并不能与我们分享它们所"看到"的这段历史。

黄色小斑点

龟壳

幼龟的身体和甲壳上散布着许多黄色的斑点。随着年龄的增长，这些斑点会逐渐淡化，最终消失

在哪可以找到它？

欧洲泽龟的身影难以捕捉。作为一个稀有且濒危的物种，它已经被列入《世界自然保护联盟濒危物种红色名录》。目前，你可以在地中海周边区域找到它。

泽龟是胆小的动物，一旦受到惊吓，它们会立刻潜入水中

刚孵化的小乌龟对于许多捕食者来说是一道美食。无论是獾、狐狸、水貂，还是鹭鸟和乌鸦，都热衷于猎食这些新生命

受到保护的稀有物种

欧洲泽龟很早就被列入了一些国家的保护动物名单，然而，法律保护并没能阻止其种群数量的下降。人类活动对泽龟的生存构成了巨大威胁，农业集约化、土地开发和河流改道大大破坏了它们的生存环境。此外，剩余为数不多的栖息地被公路分隔，许多寻觅伴侣或寻找产卵地的欧洲泽龟在跨越这些障碍时不幸丧命。

雄性还是雌性？

泽龟的外壳较为平整。和其他龟类一样，它的壳由两部分构成：背部的隆起部分称为甲壳，而下方的扁平部分则被称为胸甲。雄性的胸甲微微向内凹陷，并且略小于雌性。仅凭此依然很难判断泽龟的性别。最有效的鉴别方法是观察欧洲泽龟眼睛的虹膜颜色。雄性的眼睛虹膜多呈现棕色或橙色，雌性则呈现浅黄绿色。

雌性泽龟从水中探出头来，向我们展示她的优雅侧脸

蛇蜥

Anguis fragilis

体长： 最长可达 50 厘米
纲： 爬行纲
目： 有鳞目
科： 蛇蜥科

蛇蜥有可活动的眼睑

欧洲

蛇蜥
它是蛇吗？

在漫长的进化历程中，有些蜥蜴似乎并不太看好四肢的"功能"。因此，它们选择让四肢逐渐退化，仅在骨骼结构中留下腿的痕迹。此时，无脚蜥蜴诞生了。蛇蜥就是这一族群的代表。

蛇蜥与蛇如何区分？

想要区分蛇蜥与蛇，只需要观察它们的眼睛就足够了。尽管蛇蜥舍弃了四肢，但却继承了蜥蜴族群的一个显著特点——可以开闭的眼睑。你可能会注意到它的头部与身体间非常不明显的分界线。这一独特的外观与任意一种蛇类都不同。

头身分界线难以分辨

蛇蜥的敌人

尽管蛇蜥并未面临灭绝威胁，但部分种群因为生存环境的恶化而遭遇生存危机。从滑蛇到刺猬，再到狐狸，许多生物都会猎杀它。不过，对于蛇蜥来说，最大的威胁还是人类。由于缺少四肢，它常常被误认为是蛇而被捕杀，尽管蛇蜥与蛇有着明显的区别，但常被人们混淆。

唯一的防御方式

与其他蜥蜴相似，蛇蜥在面临危机时可以放弃自己的尾巴，利用尾巴的抖动迷惑掠食者，为自己争取逃跑的机会。这是蛇蜥唯一的防御手段，因为它们无法咬伤其他生物，其移动速度也比其他蜥蜴或蛇类慢得多。

随着时间的流逝，失去的尾巴会再次长出，但是新的尾巴比原来的要短得多，尾端也更钝，并可能呈现出明显的变形。

失去尾巴的蛇蜥会变成青绿色，在尾巴断裂处出现蓝色斑点

每到春天，蛇蜥会成对结合

妈妈和孩子

与其他多数蜥蜴不同，雌性蛇蜥并不产卵，而是进行体内受精。尽管面临天敌的威胁，怀孕的蛇蜥仍然会出来晒太阳，以补充所需的能量。大约3个月后，小蛇蜥出生，体形与较大的蚯蚓相仿，长7~10厘米。

雌性蛇蜥与幼崽紧紧相伴

滑蛇

Coronella austriaca

体长： 60～75 厘米
纲： 爬行纲
目： 有鳞目
科： 黄颔蛇科

滑蛇
濒临灭绝

滑蛇已经到了灭绝的边缘。由于人类活动造成的环境变化，滑蛇的数量大量下降。滑蛇偏爱阳光充足、有低矮植被的环境，其中低矮的植被为其提供庇护。不幸的是，这样的地方越来越少了。

28

欧洲

深色的斑点

头上的"王冠"

面对日益严重的灭绝危机，为滑蛇提供保护已是刻不容缓。保护它们的栖息地、设立特殊的庇护所及繁殖场所，是我们目前保护这一物种的最佳策略

"愤怒蛇"

滑蛇也被叫作"愤怒蛇"。虽然"愤怒蛇"是无毒无害的，但还是有许多人讨厌它。为什么呢？仅仅因为它是蛇就足以引起很多人的反感。更何况，它背部的斑纹会让人联想到蝮蛇身上特有的锯齿状斑纹。最糟的是，滑蛇比蝮蛇攻击性更强。当面临威胁时，它会展现出猛烈的攻击性，甚至疯狂咬人。当然，所谓的"疯狂"是相对其体型和能力来说的，事实上它给人类带来的伤害可能只是轻微的擦伤。

蛇蜥经常成为滑蛇的食物

熟练的猎手

滑蛇主要以蜥蜴为食，如捷蜥蜴和蛇蜥，它也不介意捕食水蛇甚至同类的幼崽。除此之外，它还会吃雏鸟、鼹鼠、青蛙等小动物。滑蛇在自己的领地中常常主动寻找猎物，并迅速进行攻击。

非卵生动物

滑蛇并不产卵，而是胎生的。它们在春季交配，母蛇经过约4个月的孕期后会产下多达数十条小滑蛇。这些小滑蛇出生后必须立刻学会独立生存。

如何区分滑蛇与蝮蛇？

滑蛇的头部有独特的、像皇冠一样的图案，而且它的眼睛上有一条深色纹路，这些都是蝮蛇没有的；滑蛇的瞳孔是圆形的，而不是像蝮蛇那样是垂直的；滑蛇的头部与身体其他部分之间的界限不那么明显。

水游蛇
Natrix natrix

体长： 雄性最长可达1米
　　　　雌性最长可达1.5米

纲： 爬行纲
目： 有鳞目
科： 黄颔蛇科

30

欧洲

水游蛇
欧洲最常见的蛇

水游蛇无疑是欧洲最常见且最易辨识的蛇。即便是第一次见到它的人，也能轻易确定其种类。这类蛇的显著特点是头部后侧有一对较大的黄色的斑点。在幼年时期，这些斑点呈橙色，但随着年龄增长，颜色会逐渐变淡。

深色的身躯

黄色斑点

幸运的使者

几个世纪以来，在欧洲的部分地区，水游蛇一直被看作带来好运的使者。在某些地区，当地居民甚至会为它们准备装满牛奶的碗。虽然这些蛇对牛奶并不感兴趣，但居民们的这种行为无疑保证了它们的安全。

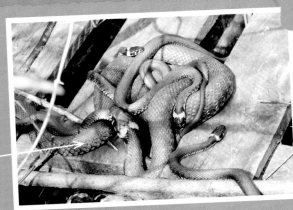

生活在水边的蛇

水游蛇经常出没于靠近水源的地方,如沼泽、湿地、湖泊周边、排水沟、溪流等,这是因为这些地方有它的猎物,比如青蛙。

猎者与被猎者

尽管水游蛇是熟练且活跃的捕猎者,但它也常常成为其他肉食动物的猎物。水游蛇主要的天敌有鹳、鹭、刺猬、水獭以及部分猛禽。

如何自卫?

当水游蛇受到威胁时,它会通过剧烈地摆动头部和发出嘶嘶声吓退入侵者。如果这些行动未能起效,它会从肛腺释放出刺鼻的恶臭液体,以打消对方的进攻意图。有的水游蛇甚至会用假死迷惑敌人,它们嘴巴张开且一动不动。

凭借自身出色的水性,水游蛇既能轻松捕捉猎物,又能迅速地躲避天敌

春天的求爱仪式

水游蛇每年早春从冬眠中苏醒,并在4月开始交配。这期间,你可能会见到数十条蛇缠绕在一起,雄蛇会互相推挤,以争夺配偶。

有时,你甚至会看到水游蛇在桥上的求爱仪式

为下一代寻找理想之地

雌蛇在选择孵卵地点时,会寻找湿润的环境,同时确保温度能维持在25~30℃。适宜的地方包括堆肥地、落叶堆、干草堆或者木屑堆,因为这些地点温度偏高,有助于蛇卵的孵化。

有时,在同一个地方,可能会有几条甚至数十条雌蛇聚集产卵,每条雌蛇可以产下9~30枚卵。从7月底到深秋,这些卵会孵化出15~18厘米长的小蛇。

欧洲长蛇

Zamenis longissimus

体长： 最长可达2米
纲： 爬行纲
目： 有鳞目
科： 黄颔蛇科

欧洲长蛇
医学和药学的象征

欧洲

深色的背部

欧洲长蛇有时会在树上或灌木丛中休憩，蜿蜒缠绕在树枝上

浅色的腹部

在欧洲，当我们经过药店、救护车或医院时，常常可以看到一个蛇缠绕在棍子或杯子上的符号。尽管这个符号十分常见，但我们很少去探究那究竟是何种蛇，以及它为何会出现在那里。要理解这一符号的深层含义，我们得追溯到古希腊和古罗马时期。

生存危机

欧洲长蛇主要生活在欧洲南部，是欧洲体形较大的蛇之一。虽然它的分布区域很广，但在多地都是受保护的濒危物种。该物种面临的最大威胁是种群所在地极度分散，这导致它们无法进行基因交换。

欧洲长蛇的头部后侧有明显的浅黄色斑点，蜕皮后它们会变得更为明显。随着时间流逝，这些斑点会逐渐变淡。因此，年幼的欧洲长蛇经常会被误认作水游蛇

欧洲长蛇在某个地区的存在证据是它蜕掉的皮

栖息地和食物

欧洲长蛇喜欢出没在林间空地、森林边缘、河岸灌木丛以及岩石废墟等可以晒太阳的地方。它主要以啮齿动物为食，也捕食雏鸟、鸟蛋、蜥蜴，甚至还吃其他种类的小蛇。

古老的神话

在古希腊神话中，阿斯克勒庇俄斯是阿波罗的儿子，他不仅能治愈疾病，而且能复活死者。在古罗马神话中，他被称为埃斯库拉庇乌斯。阿斯克勒庇俄斯和埃斯库拉庇乌斯的共同标志是一条缠绕在棍子上的蛇，因为蛇的周期性蜕皮能力经常和重生、治疗联系在一起。此外，阿斯克勒庇俄斯的女儿，古希腊神话中的健康女神许癸厄亚，也与欧洲长蛇有着密不可分的关系，在她的雕像中经常能见到一个手持的被蛇环绕的杯子。

极北蝰
Vipera berus

体长： 55 厘米（已知最长为 90 厘米）
目： 有鳞目
科： 蝰科

极北蝰
欧洲独有的毒蛇

极北蝰的一个显著特征
是它的垂直瞳孔

34

每到春季，当极北蝰从冬眠中醒来、爬出洞穴慵懒地晒太阳时，网上总会出现一些报道，声称这些有剧毒的蛇对人们构成了巨大威胁。虽然这种利用标题博取眼球的行为很常见，但其声称的巨大威胁与实际情况并不相符。

锯齿状纹理

数量逐渐减少

极北蝰最喜欢栖息在湿地、森林与草地的交界处，泥炭地或森林里的开阔地。这些地方常有充足的阳光供它们晒太阳取暖。曾经这样的地方极为普遍，因此蝰蛇的数量也相对较多。如今，很少有人能在旅行途中遇到蝰蛇了。因为数量的快速下滑，极北蝰已被多个国家列为保护动物。

卵胎生

极北蝰采用卵胎生的方式繁殖，这意味着胚胎在卵中发育，但雌蛇会等到它们完全成熟后再生下来。这种方式使雌蛇可以为蛇卵提供足够的孵化温度，例如当它晒太阳时，体内的胚胎也得以获得温暖。正因为有了这种繁殖策略，极北蝰才能在较为寒冷的北欧生存下来。

剧毒

极北蝰的毒液毒性非常强，其威力甚至可能比某些眼镜蛇和响尾蛇的毒性还要强。但幸运的是，这种蛇攻击时通常只会注入少量的毒液来制服猎物、躲避危险。因此，即使被咬，少剂量的毒液对大部分成年人并不会构成致命威胁，但对儿童威胁仍旧较大。无论如何，被极北蝰咬后都应迅速就医。

只是为了自卫

极北蝰是非常胆小的动物，当发现人类接近时，它们就会迅速撤离。因此往往在我们发觉极北蝰的存在前，它就已逃之夭夭。这种毒蛇不喜欢主动发起攻击，只有在受到威胁时才会选择反击。

地狱毒蛇

在欧洲部分地区，全黑色的毒蛇被称作地狱毒蛇。与常见的灰色或棕色的蛇类相比，这种颜色的蛇要罕见得多。

极北蝰也被称作"龙纹蝰"

龙纹

毒蛇的颜色各有特点，其中典型的颜色是浅灰或深灰，背部配有醒目的黑色锯齿形纹理，这种纹理有时也被称为"龙纹"，"龙纹蝰"这一别名也由此而来。红色或深棕色的毒蛇也很常见，它们的背上同样带有锯齿形纹理。

极北蝰猎食老鼠时，只需要释放出少量的毒液

尖吻角蟾
Pelobatrachus nasutus

体长： 雌性长约 12.5 厘米
雄性长约 6 厘米

纲： 两栖纲

目： 无尾目

科： 角蟾科

尖吻角蟾
伪装大师

在婆罗洲热带雨林的深处，你可能会突然听到此起彼伏、类似汽车喇叭的声音。难道我们到达了公路附近吗？不，这只是雄性尖吻角蟾发出的独特求爱声。这一生活在热带雨林的蛙类，是东南亚最为奇特的两栖动物之一。

身体扁平而宽

皮肤上的三处凸起：一个位于吻部，另外两个在上眼睑处，它们形成了尖吻角蟾特征性的"角"，也是它名字的由来

湿冷环境的爱好者

尖吻角蟾分布范围广阔，从喜马拉雅山脉的山脚开始，到泰国、马来半岛，到苏门答腊、婆罗洲以及周边的岛屿都有它们的足迹。不过，它们还是在婆罗洲雨林中最为常见。尽管生活在热带，尖吻角蟾却偏爱凉爽的环境。对它们来说，理想的居住温度是22~24℃，因此它们常常出没于阴凉处，比如古老的森林沼泽或溪边的峡谷中。

只闻其声，不见其形

尽管尖吻角蟾体形颇大，但其棕色的皮肤与背部的斑纹是它们完美的保护色，帮助它们几乎完全融入森林环境中。

在森林落叶间，我们难以发现尖吻角蟾的踪迹

潜伏的狩猎者

伏击是尖吻角蟾最擅长的捕猎方式，出色的伪装能力帮助它们轻松捕捉任何进入其攻击范围的猎物（只要它们的嘴巴能装下）。尖吻角蟾主要以小螃蟹和蝎子为食，偶尔也会吃蜘蛛、蜥蜴、雏鸟以及其他蛙类等。有意思的是，只有在求偶季节，它们才会积极地寻找食物。

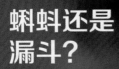

蝌蚪还是漏斗？

雌性吻角蟾每次能产下约200枚卵，并将它们粘在水中的植物叶片的底部。请注意，尖吻角蟾的蝌蚪外形与一般蝌蚪不同，它们的嘴巴非常宽，形状像一个漏斗，能够吸入周围的食物，比如浮游生物。

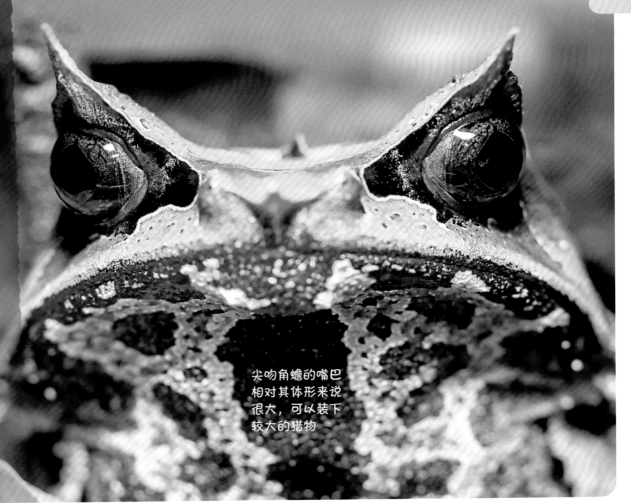

尖吻角蟾的嘴巴相对其体形来说很大，可以装下较大的猎物

北部湾棱皮树蛙

Theloderma corticale

体长： 8~9厘米
纲： 两栖纲
目： 无尾目
科： 树蛙科

亚洲

北部湾棱皮树蛙的虹膜十分特别，
没有固定的图案或颜色

北部湾棱皮树蛙
隐身专家

北部湾棱皮树蛙在1903年进入生物学家的视野，由英国著名生物学家乔治·艾伯特·布林格（George Albert Boulenger）发现并介绍给大众。当时，乔治在伦敦自然历史博物馆工作，他研究了一个用福尔马林保存的标本，并迅速意识到这是一个尚未被学界揭示的新物种。鉴于北部湾棱皮树蛙独特的外貌，将它与其他两栖动物区分开来并不困难。

圆圆的瞳孔

皮肤上不同颜色的
斑点和结节

真正了解的过程

尽管北部湾棱皮树蛙最初是由英国生物学家乔治发现的，但我们对这一物种的真正了解要归功于20世纪90年代中期的俄罗斯生物学家们。他们在北部湾棱皮树蛙的原生环境中对其进行研究，并且为俄罗斯生物研究机构带回了大量样本，并在那里的水族箱中成功繁育了这一蛙类。

隐身之术

在两栖动物的世界中，北部湾棱皮树蛙绝对称得上是伪装大师。它们生活在越南、老挝以及中国的西南地区，那里拥有大片凉爽的山林，溪流岸边、石头缝隙和树根下都被苔藓和地衣覆盖。北部湾棱皮树蛙能够利用自己带吸盘的脚趾紧紧地黏附在垂直的岩石或者水下的石头上，与周边环境融为一体，所以难以被发觉。

在水塘中成长

雌性北部湾棱皮树蛙比雄性稍大一些。在交配季节，雌性北部湾棱皮树蛙会将卵产在底下有水塘的石头悬崖上。1~2周后，小蝌蚪孵化并直接落入水塘中。在那里，它们有足够的食物（热带地区的水塘都有很多浮游生物），而且还能免受在流动水源中生活的大型捕食者的伤害。大约90天后，这些小蝌蚪就会变成小蛙。

恒河鳄
Gavialis gangeticus

体长： 最长可达 7 米
纲： 爬行纲
目： 鳄目
科： 长吻鳄科

亚洲

恒河鳄
绝世猎手

提起鳄鱼，想必大多数人对它的第一印象都是危险的动物。它们能轻松捕获羚羊或斑马，在饥饿时甚至能猎食在水边喝水的狮子。但实际上，恒河鳄作为最大的鳄鱼种类之一，主要以鱼类为食，且这种饮食已完全满足了它们的生存需求。

背部两侧突出的鳞片

口鼻部末端的球状瘤体

濒临灭绝

恒河鳄曾经在整个南亚繁衍生息。然而如今，它们在印度北部和尼泊尔南部的某些河流中存活。相较于过去，现在恒河鳄的生存空间仅剩下原本的2%，这主要是由于它们的栖息地遭到了严重的破坏。水体污染、河岸改造等因素是这个物种在许多地区灭绝的重要原因。

鼻端的"壶"

恒河鳄是唯一可以轻易区分性别的鳄鱼种类。雄性恒河鳄在口鼻部末端长有一个醒目的球状瘤体，形状类似印度的一种壶，这也是它英文名"gharial"的由来。

恒河鳄的繁衍需要天然的河边沙滩和浅水区

捕鱼技巧

恒河鳄的上下颌长而纤细，适合捕鱼。在猎食时，它不会主动发起攻击，而是耐心等待鱼儿游到嘴边，随后以惊人的速度扭头，瞬间将猎物夹住。它并不会将捕到的鱼撕碎或咀嚼，而是整条吞下。正是由于这个原因，这种看似强大的捕食者并不会去捕猎大型的动物。

41

细心的妈妈

雌性恒河鳄会在靠近水边的沙滩上挖洞产卵，每次可以产下30~60枚，之后会将卵仔细地用沙埋上。在接下来的60~80天中，她会一直守护着巢穴，保护未破壳的孩子们免遭捕食者的偷袭。当小鳄鱼破壳而出时，她会协助小鳄鱼爬出巢穴，并进入安全的水域。

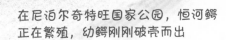

在尼泊尔奇特旺国家公园，恒河鳄正在繁殖，幼鳄刚刚破壳而出

大壁虎

Gekko gecko

体长: 雄性 30~40 厘米,
雌性 20~28 厘米

纲: 爬行纲

目: 有鳞目

科: 壁虎科

大壁虎
幸运的象征

大壁虎,也被称为大守宫,是蜥蜴家族中的一员。不同于其他蜥蜴,大壁虎具有在垂直且光滑的表面(如玻璃墙)上自由移动的特殊能力。一开始,人们以为大壁虎是利用脚趾上的吸盘紧贴在墙面上。然而现在我们已经明白,其实这种能力源于大壁虎脚趾上排列紧密的微绒毛,它们拥有极强的吸附能力,能够稳稳抓住各种物体。

大壁虎脚趾上的微绒毛

密布的斑点

大壁虎的眼睛大,瞳孔为垂直状,并被一层透明的薄膜保护。为了保持眼睛的清洁,大壁虎会用其灵活的舌头不时地舔去眼睛周围的灰尘

家庭的小帮手

大壁虎分布广泛，其栖息地横跨整个东南亚地区。在这些地方，数量众多的昆虫是它们理想的食物来源，而它们偶尔也会捕食雏鸟和小型哺乳动物。大壁虎喜欢在人类住所中栖息，并经常被看作是清除家中昆虫的小帮手。

凶猛且好斗

大壁虎具有强烈的领地意识，雄性成年的大壁虎会通过响亮的叫声来宣示自己的领地范围。在自己的地盘上，大壁虎不会容忍任何入侵者，并会毫不犹豫地进行攻击。强健的下颌让它能轻易威慑对手，甚至可以咬伤不慎靠近的人。

43

由大壁虎制成的蛤蚧

大壁虎被视为幸运的象征。在某些地区，当地居民甚至相信它的叫声能为新生儿的人生带来幸福与富裕

生存危机

虽然大壁虎是一种广泛分布且数量极多的物种，但近年来由于人类的过度捕猎，它们的生存已受到严重威胁。中医认为，由大壁虎去除内脏干制而成的蛤蚧可以治疗哮喘、肺痈、咳嗽、阳痿等疾病。近年来医药界认为蛤蚧对艾滋病的治疗也有帮助，这使得对大壁虎的需求激增。由于这种无节制的大规模捕猎行为，大壁虎正在面临严重的生存危机。

科莫多巨蜥

Varanus komodoensis

体长： 最长可达 3.13 米
纲： 爬行纲
目： 有鳞目
科： 巨蜥科

科莫多巨蜥如今正面临着严重的生存危机。令人欣慰的是，人们正在积极改变这一状况，更是神奇地通过孤雌生殖（即无须雄性的单性生殖）让科莫多巨蜥成功繁衍了后代

亚洲

科莫多巨蜥
强大的杀手

科莫多巨蜥直到1910年才被科学界关注。当时，一名荷兰军官登上了科莫多岛，他听说当地有一种被称为"巨龙"的大型生物。最终，他成功杀死了一头这样的"怪兽"，并将其兽皮和照片寄给了动物学博物馆和植物园。经科学家鉴定，"巨龙"被确认为一种尚未被命名的大型蜥蜴。在进行了一系列的研究后，人们发现这种动物主要生活在印度尼西亚的科莫多岛、林卡岛、莫堂岛以及弗洛雷斯岛的南端。

强壮的身躯

分叉的舌头

在交配季，雌性科莫多巨蜥会在挖好的洞中产下约20枚卵

科莫多巨蜥的食物来源广泛，几乎包括它们所能触及的所有东西，甚至包括腐肉。不过，它们主要以岛上的大型哺乳动物为食，例如猪、鹿和水牛等。有记录显示，它们会攻击并捕食人类

强大的捕食者

科莫多巨蜥能适应多种环境，无论是沙滩、岩石堆还是林间灌木丛。不过，它们最常出没的地方要数热带森林边缘的茂密草丛，因为在那里，它们可以轻松伏击路过的猎物。尽管在必要时它们可以以每小时20千米的速度奔跑，但科莫多巨蜥更喜欢悠闲地漫步。它们已经是当地最凶猛的捕食者，又何必匆匆忙忙地行动呢？

毒性猛烈的攻击

科莫多巨蜥的攻击迅疾而致命，它们常以闪电般的速度攻击猎物的要害，如喉咙或腹部，并迅速将其撕碎。在过去，人们认为猎物是因伤口感染致命细菌而死亡，然而最新的研究已经颠覆了这一理论。实际上，科莫多巨蜥的唾液中含有毒液，一旦进入猎物体内，能迅速降低其血压。同时，这种毒液还能抑制血液凝固，导致猎物失血而死。

为了争夺配偶，雄性科莫多巨蜥会进行打斗。这些冲突并非象征性的互相推挤，而是真正的激烈对抗，时常有伤亡发生

眼镜王蛇
Ophiophagus hannah

体长： 最长可达 5.7 米
纲： 爬行纲
目： 有鳞目
科： 眼镜蛇科

眼镜王蛇
一击致命的蛇类王者

作为世界上体形最大的毒蛇，眼镜王蛇栖息在菲律宾、越南、柬埔寨、老挝、泰国、缅甸、孟加拉国、印度、不丹以及尼泊尔的热带雨林和灌木丛中。它们部分时间会在树上生活

欲戴王冠，必承其重。眼镜王蛇无论是体形还是毒性都是当之无愧的蛇类之王。在世界上，没有其他任何一种蛇类能够像它那样将头部和前身抬得如此之高。

扩宽的颈部

悉心的父母

　　在眼镜王蛇的栖息地，它们受到当地人的敬畏和特别关注。这不仅是因为它体形惊人，更因为它们是唯一一种会筑巢的蛇。在繁殖季节，它们筑巢为卵提供最佳的孵化环境。雌蛇会通过身体的挪动堆积腐烂的树叶，使其成为可达数米直径的巢。在差不多整个孵化期（11~12周）内，它都盘踞守护在巢上，保护即将出世的后代。而雄蛇则在附近巡逻。但当小蛇临近孵化时，父母都会离开巢穴，任其自然发展，这也许是为了避免误食小蛇（眼镜王蛇会吃同类）。

眼镜王蛇的食物有蛇类（包括同类）、蜥蜴（甚至是体形较大的巨蜥）、两栖动物、小型哺乳动物和鸟类

以"毒"闻名

　　虽然眼镜王蛇的毒液毒性并不算最强，但是如此大的毒蛇一次能分泌相当多的毒液。在攻击时，它可以向猎物注射多达7毫升的毒液，这足以在几小时内杀死一头成年印度象。

迷信与法治

　　在印度存在一种迷信观念，即认为眼镜王蛇将死之时，其眼中会反射出加害者的形象。其同伴看到这一形象后，便会追寻凶手复仇。因此，当地人在捕杀这种蛇后常常会破坏其头部，确保"目击者"消失。不过，印度政府正在通过教育和法治手段来打击这种迷信观念。眼镜王蛇被列为濒危物种，任何捕杀行为都可能面临长达六年的监禁。

眼镜王蛇并不会在每次攻击前都张开自己标志性的颈部，因为这一行为更多是为了威慑对方。实际上，当它处于平静状态时，外形与其他蛇类设什么不同

绿树蟒
Morelia viridis

体长： 1.2～1.9 米
纲： 爬行纲
目： 有鳞目
科： 蟒蛇科

绿树蟒和翡翠蟒
惊人相似

绿树蟒

绿树蟒栖息在新几内亚的热带森林、所罗门群岛以及印度尼西亚的部分岛屿。作为一种树栖的蛇类，它不常游走寻食，更喜欢缠绕在树枝上守株待兔。只有当猎物进入攻击范围时，它才迅速出击。绿树蟒主要以小型树栖哺乳动物为食，但也不放过捕食蜥蜴或鸟类的机会。

在某些特定的生态环境中，大自然会孕育出相似（至少从外表看来）但并非近亲的物种。这种现象被科学家称为"趋同进化"，意思是在环境的影响下，有着不同祖先的物种可能会展现出相似的特征。绿树蟒和翡翠蟒便是这种现象的生动例证。尽管它们生活在世界的不同角落，却有着惊人的相似之处。

休憩中的姿态

绿树蟒

翡翠蟒

在地球的另一端，也就是南美洲的北部和中部，生活着一种名为翡翠蟒的蛇类。这种蛇较为魁梧。与绿树蟒相同，翡翠蟒也是一种树栖蛇类，它主要以哺乳动物为食，也会捕食爬行动物、两栖动物以及鸟类。

翡翠蟒
Corallus caninus

体长：1.5～3.5 米
纲：爬行纲
目：有鳞目
科：蚺科

幼年的绿树蟒是黄色或红色的，上面长有点状和斑块状的花纹

翡翠蟒和绿树蟒在休息时都采用特有的蜷曲姿势。若想一眼辨识这两种蛇是极为困难的

幼年的翡翠蟒通常呈现砖红色，像它们的父母一样，身上带有白色的斑点

与成年蛇色彩不同的幼蛇

尽管绿树蟒是卵生的，翡翠蟒是胎生的，但这两种蛇的幼蛇的颜色都与成年蛇完全不同。

身体蜷曲，
头部藏于中心

翡翠蟒

南美洲

灰蓝扁尾海蛇
Laticauda colubrina

体长： 1~2米
纲： 爬行纲
目： 有鳞目
科： 眼镜蛇科

灰蓝扁尾海蛇
生活在海里的蛇

亚洲

航海员的幻想

1555年，奥劳斯·马格努斯在著作《北地民族史》中描述了一种据说生活在挪威沿海的巨型海蛇，长达惊人的65米。然而，真相远比那些经常喝得醉醺醺的航海员的幻想要平淡得多。虽然海蛇确实存在，但它们的实际体形远远小于这些传说中描述的体形。据现代生物学统计，海蛇的种类可能不超过50种。

数百年来，"海蛇"一直是各种传说和故事的主角，激发着人们无尽的想象。既然陆地上存在蛇类，那么为什么海洋中就不能有呢？再说，考虑到某些海洋生物，如抹香鲸和鲸鲨，它们的体形远超过陆地上的生物。那么，是不是也存在巨大的海蛇呢？对此知之甚少的人们尽情发挥着他们的想象。

我们的主角

灰蓝扁尾海蛇是海蛇中的常见品种。它们广泛分布在东印度洋和西太平洋地区，包括印度的东海岸、日本以及澳大利亚的海岸。值得注意的是，雌性灰蓝扁尾海蛇最长可达2米，而雄性的体形则要小得多。为了在水中快速游动，它们的尾部发育成了侧面扁平的样子。灰蓝扁尾海蛇的头部和尾部都是黑色的，这是因为在觅食时，它们会将头伸入水下岩缝，此时暴露的身躯可能吸引掠食者，为了转移其注意，它们会摆动尾部以模拟头部的动作。

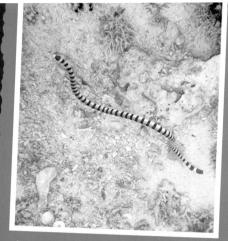

灰蓝扁尾海蛇拥有扁平的尾巴

需要害怕吗？

面对灰蓝扁尾海蛇，我们是否应保持警惕？一方面，其毒液的毒性是印度眼镜蛇的两倍；另一方面，它性格温和，通常不会主动攻击，只有在感到威胁时才可能发动攻击，且常常是作为最后的手段。甚至当有人鲁莽地试图触摸它时（绝对不推荐这么做），它也可能并不会分泌毒液。大多数中毒事故都是发生在渔民试图将它从缠绕的渔网中解救出来时。

雌性灰蓝扁尾海蛇会在陆地上的岩石裂缝间产卵。它们的行为十分谨慎、隐蔽，因此直至今日，我们仅掌握了极少数的观察记录

水下猎手

雌性灰蓝扁尾海蛇偏好猎食各类鳗鱼，并通常在远离海岸的深处进行。而雄性倾向于在沿海水域捕食，主要以年幼的鳕鱼为食。这些海蛇绝大部分时间生活在海中，偶尔也会登陆。在陆地上，它们的行动似乎有些不够灵活，但这里是它们的休憩地，是进行消化、蜕皮，以及交配的地方。

砂鱼蜥

Scincus scincus

体长： 18～20 厘米
纲： 爬行纲
目： 有鳞目
科： 石龙子科

砂鱼蜥
在沙海中"如鱼得水"

如鱼得水这个成语意味着感觉格外舒适、自如，完全处于自己的舒适区之中。砂鱼蜥却与众不同，无论是在沙面还是沙底，它都能游走自如，仿佛如鱼得水。这也是为什么它明明是蜥蜴家族成员，名字中却带有"鱼"字。

砂鱼蜥的体色与沙子的颜色相似，通常带有几道深灰或是棕黑色的横斑，但这并不是它们的固定特征

楔形的头部

光滑的鳞片

与众不同的蜥蜴

砂鱼蜥的身体结构与大多数的蜥蜴不同，却与其他石龙子颇为相似。如果要通过一幅插图展示石龙子家族的所有特性，砂鱼蜥无疑是最佳的代表。它的身体被一片片紧密相邻的小鳞片覆盖，光滑且呈现出完美的流线型。砂鱼蜥的头部修长如楔，尾巴则相对较短。

宛如真正的鱼

砂鱼蜥主要生活在北非的沙漠和半沙漠，以及西南亚部分地区。这个物种数量众多，并未因人类活动而受到太大的威胁。它们完美地适应了沙漠和半沙漠中的生存环境。砂鱼蜥不仅能在沙面上轻快移动，当天气过于炎热或遇到威胁时，它们还能迅速钻入沙中，在沙下如鱼般"游弋"。

备受珍视的药材

有些地区的人们认为砂鱼蜥拥有治愈和强身健体的神奇效果。在古代阿拉伯医学及北非民间医药中，砂鱼蜥都是备受珍视的药材。直至今日，在某些地方，砂鱼蜥晒干磨碎的粉末依然在市场上畅销。

沙中之鱼的秘密

截至目前，关于砂鱼蜥仍然有许多尚未揭示的问题。例如，它们如何在松软的沙中以最小的能量消耗移动？在沙子下呼吸时，它们如何处理进入体内的沙尘？面对沙粒对口鼻和皮肤的磨擦，它们又是如何保护自己的身体的呢？科学家们仍在探寻这些问题的答案。

非洲

豹变色龙
Furcifer pardalis

体长： 最长可达 52 厘米
纲： 爬行纲
目： 有鳞目
科： 变色龙科

豹变色龙
马达加斯加独特的色彩艺术家

提及变色龙，我们最先想到的无疑是它们惊人的变色能力。其中引人注目的是豹变色龙，这种独特的蜥蜴生活在马达加斯加的北部、东北部以及附近的岛屿。

身体侧边的明亮条纹

长而蜷曲的尾巴

钳状的四肢

让人意想不到的是，豹变色龙的脚趾是部分并拢在一起的。在它们的前腿上，外侧长有2根脚趾，内侧则有3根；而后腿的则正好相反。这种特殊的脚趾构造确保了它们即使在细小的树枝上也能牢牢地攀住

总是待在一处

豹变色龙生活的地带常年湿度很高。这些变色龙通常选择生活在高出地面2米以上的灌木或树木中,不过有时你也能在农田或电力设施上见到它们的身影。对于豹变色龙来说,充足的阳光和食物是至关重要的。如果不需要迁移,它们可以在同一灌木中待上很长时间。

雄性变色龙体形比雌性大,而且有明显的头冠

千龙千色

众所周知,变色龙能够改变自己皮肤的颜色。但你是否知道这些变化受温度、光线、情绪及交配状态等多种因素的影响?此外,每只变色龙的颜色变化范围与程度都与其遗传特性、性别、体质和能力密切相关。生物学家已经鉴定出,在同一物种内,由于所处环境的微妙差异,变色龙也会出现多种颜色的亚种。

守株待兔的捕食者

豹变色龙精于捕食昆虫。在捕猎时,它静静地待在原地,只是轻轻转动那独特的、凸起的眼睛。令人惊奇的是,它的每只眼睛都能独立转动。当目标进入视线时,它会缓慢地转动头部,确保双眼都锁定了目标,可以更精确地评估距离。接着,它迅速伸出几乎与身体等长的舌头,黏附并捕捉到昆虫。

非洲

埃及眼镜蛇
Naja haje

体长： 1.5~3米
纲： 爬行纲
目： 有鳞目
科： 眼镜蛇科

埃及眼镜蛇
一个被误解的传说

埃及眼镜蛇作为古埃及法老权威的标志，在世界文明的长河中留下了超过2 000年的印记。传说在公元前30年的8月12日，在繁华的亚历山大港，埃及艳后——克利奥帕特拉七世选择了用埃及眼镜蛇结束自己的生命。传说中她选择以这种方式离开，部分原因可能是当时并没有针对这种蛇毒的解药。

褐色的身体

不仅在埃及

尽管被命名为"埃及眼镜蛇"，这种蛇的栖息地实际上广泛分布于整个北非、中非以及中东的部分地区。它们能适应各种环境，无论是森林、灌木还是半沙漠，只要环境中有足够的两栖动物、爬行动物和小型哺乳动物作为食物，它们就能在当地生活下去。因此，它们经常出没在人类居住地的附近，捕食农田中破坏农作物的啮齿动物，甚至在大城市的边缘也有它们的踪影。

最好的方式是逃跑

当碰到人类时，埃及眼镜蛇的首选策略通常是迅速避开。当它们感受到威胁，尤其是被困时，它们会抬起身体前部，颈部两侧膨胀，并展现其独有的"眼镜"图案，试图以此震慑对方。只有在这些策略都没有奏效时，它们才可能选择攻击人类。虽然它们有自然天敌，如蛇鹫和印度獴等，但是埃及眼镜蛇面临的最大威胁其实还是人类。人类侵占它们的生存空间，或是捕捉它们为游客表演，因此这些蛇的寿命往往大大缩短。

幼年眼镜蛇身体呈浅米色、黄色或红色，头部和颈部为黑色。随着年龄的增长，它们的体色会逐渐转为深褐色、深灰色或是黑色

一个被误解的传说

现代科学为我们揭示了古代事件背后的真相。尽管埃及眼镜蛇的毒液极为致命，但这种致命不是即刻发生的，毒液中的毒素通常会引发肿胀、头痛、腹泻以及逐渐瘫痪的症状，几小时后，中毒者会由于呼吸肌肉的瘫痪而死亡。但克利奥帕特拉七世的死亡是瞬间的，因此，她可能选择了其他毒药自杀。

法老权威的标志

除了与克利奥帕特拉七世相关的传说，埃及眼镜蛇在古埃及还被视为法老权威的标志。学者们推测，这可能与它们致命的毒液有关。图坦卡蒙法老的黄金面具上就刻有一条处于攻击姿态的眼镜蛇，这足以说明它在古埃及文化中的重要地位。

黑曼巴蛇
Dendroaspis polylepis

体长: 2.5~4.5米
纲: 爬行纲
目: 有鳞目
科: 眼镜蛇科

绿曼巴蛇
Dendroaspis viridis

体长: 2米
纲: 爬行纲
目: 有鳞目
科: 眼镜蛇科

黑曼巴蛇和绿曼巴蛇
蛇类速度之王

黑曼巴蛇的颜色并不是纯黑色，它们的身体大多是橄榄色、灰绿色、灰褐色或褐色

尽管许多人都对这两种蛇的名字都有所耳闻，却很少有人真正了解它们属于什么品种，以及为什么如此危险。人们对它们的恐惧，大多源于各种传言。

来自非洲的怪物

绿曼巴蛇的主要栖息地位于西非，而黑曼巴蛇在非洲大陆的三分之二的地区都有分布，尤其是撒哈拉沙漠以南的辽阔地带。这些蛇能适应多种环境。相对娇小的绿曼巴蛇偏爱森林和繁密的灌木丛，而体形庞大的黑曼巴蛇不仅能在森林中生活，还常出没于更为干燥和开阔的地区。

黑曼巴蛇

乌黑的口腔

浅色的腹部

"黑曼巴"这一名字，源于它乌黑的口腔

致命的毒液

曼巴蛇毒液中高含量的神经毒素，能够破坏人类神经系统的正常功能，进而致使呼吸肌肉瘫痪，造成窒息。若要救回被曼巴蛇咬伤的人，必须尽快注射抗毒血清，且往往需要注射好几个标准剂量。据统计，在南非，曼巴蛇咬伤的致死率约为20%，在医学界找到有效救治方法之前，这一致死率几乎接近100%。

巨大的吻部

59

绿曼巴蛇有着迷人的绿色调，身上的颜色从黄绿色到绿松石色渐变，有时还缀有淡淡的灰色纹路

这是我的领地！

曼巴蛇，尤其是黑曼巴蛇，对自己领地的警戒性极其强烈，这一特征在繁殖季和孵化期间尤为显著。它们通常选择在地面凹陷处、树洞或被遗弃的白蚁堆里筑巢产卵。在这段时间里，一旦有其他生物接近，曼巴蛇会立刻发出警告。如果警告无效，它们会不假思索地对一切侵入者（包括人类）发起攻击。这一巨大的爬行生物能以超过每小时20千米的速度行动，堪称蛇类速度之王。面对威胁，它会连续咬伤对方。

绿曼巴蛇

大洋洲

湾鳄

Crocodylus porosus

体长: 最长可达 7 米
纲: 爬行纲
目: 鳄目
科: 鳄科

湾鳄
海洋神秘巨鳄

当"巨鳄"这个名字出现，许多人脑海中首先浮现的是非洲的尼罗鳄。但要寻找真正的巨鳄，我们必须将视线转向地球的另一边。湾鳄，不仅是目前世界上最大的鳄鱼，还是地球上最大的爬行动物。它的头部和背部布满一排排深色斑点。

尾部突起的鳞片

背部的深色斑点

与几十年前相比，湾鳄现今的体形已不再那么庞大。据说，在20世纪上半叶，部分雄性湾鳄能长到近10米，并且有着将近百岁的寿命

鲨鱼的劲敌

湾鳄是唯一一种既能在淡水又能在咸水中生存的鳄鱼。它不仅栖息在沿海地带，更广泛地生活在太平洋的浩渺水域中。令人惊讶的是，这种鳄鱼甚至具备攻击鲨鱼的能力。不过，这是一场势均力敌的对决，胜利者有时是鲨鱼，有时是湾鳄，这很大程度上取决于两者的体形与体能。

对于能捕食鳄鱼的湾鳄来说，人类只称得上它们的"零食"。尽管如此，还是有人类被攻击的事件发生。在澳大利亚许多区域都设有警告游客注意鳄鱼出没的标牌

水陆霸主

湾鳄分布范围广泛，虽然最大的种群集中在澳大利亚北部，但它们的踪迹也遍布新几内亚、印度尼西亚、日本南部、中南半岛，甚至非洲的某些沿海地带。无论是在水中还是在陆地，它们都是强大的捕猎者，其猎物甚至包括水牛和孟加拉虎。

独行侠

与非洲尼罗鳄不同，湾鳄更习惯独行，只在繁殖季节寻找伴侣。这种强烈的领地意识使得它们的种群密度不高，但所占据的领土却是不断扩展。简单来说，领地争夺中的失败者必须寻找新的栖息地，哪怕那里的环境并不理想。

雌性湾鳄体形比雄性要小得多，它们会选择在铺有植被的黏土洞中产卵，并对卵及新孵化出的幼鳄悉心照料

楔齿蜥
Sphenodon punctatus

体长： 最长可达 60 厘米
纲： 爬行纲
目： 喙头目
科： 楔齿蜥科

形似蜥蜴，却又与众不同

1867年，大英博物馆的生物学专家阿尔伯特·甘瑟在研究楔齿蜥的颅骨时，有了一个意外的发现：它的颅骨与龟类、鳄鱼类甚至鸟类更加接近，却与一般蜥蜴有所不同。进一步的研究显示，楔齿蜥实际上走的是一条与众不同的爬行动物进化路线。它们与恐龙有同样的起源，并在大约2亿年前与其他爬行动物走上了不同的进化道路。

楔齿蜥
进化路线特殊的动物

在新西兰的土地上，生活着一种绿灰色的神奇生物。它的外形酷似一只中等大小的蜥蜴，头部宽厚，背部覆盖着独特的鳞状脊，尾巴强健，而四肢上则长有锐利的爪。这便是楔齿蜥，又被称为图塔拉（tuatara），这一名字源于毛利语，意思是"背部的脊"。

楔齿蜥的一大特点是，它在所有现存的动物中拥有最为发达的"第三只眼"，这与感光功能紧密相关。它们的耳朵发育相对落后，没有鼓膜和鼓室，而颅骨有着其他动物所不具备的孔洞

背部的鳞状脊

强健的尾巴

活到200岁的奇迹

楔齿蜥与常见的爬行动物大不相同，因为它所能适应的温度远低于其他同类，这对它们的生长节奏产生了深远的影响。楔齿蜥的生长过程异常缓慢，通常在35岁左右才到达成年期。虽然它们的平均预期寿命为80岁，但部分个体能够活得更久。据研究者推测，在某些有利的环境中，它们或许能够活到200岁。而它们的性成熟过程也较为缓慢，通常在10~20岁，有些更晚，直至30岁才达到。雌性楔齿蜥每3~5年会繁殖一次，每次产下6~12枚蛋，孵化期为150~330天。

历史中的生态灾难

对楔齿蜥而言，人类自到来便给它们带来了毁灭性的打击。随着人类的脚步，鼠类也来到了这片土地，它们对楔齿蜥的蛋和幼崽构成了直接威胁。在新西兰的两个主要岛屿上，楔齿蜥一度面临灭绝的危机。直到当地采取了一系列严格的保护措施（主要是消灭啮齿类动物），才给楔齿蜥带来了生存的曙光。

在2009年，一只名为亨利的111岁的雄性楔齿蜥与它80岁的伴侣米尔德里德共同迎来了健康的小生命

气候变暖带来的威胁

目前，楔齿蜥正面临着全球气候变化带来的巨大挑战。这种生物在5℃的低温下仍能活动，但28℃对它们来说可能是致命的。更为复杂的是，它们的性别受到孵化温度的影响：温度的微妙变化会影响新生楔齿蜥的性别比例。气候变暖时，更多的雄性楔齿蜥出生。如果这种情况继续下去，为了维持种群的健康性别比例，可能需要人工干预，选取蛋并在受控的温度环境下孵化。

伞蜥

Chlamydosaurus kingii

体长: 80～90 厘米
纲: 爬行纲
目: 有鳞目
科: 飞蜥科

在电影《侏罗纪公园》中，有一种与伞蜥相似的史前生物——带有伞状皮褶的双冠龙

64

大洋洲

伞蜥
虚张声势的力量

生活在澳大利亚北部及新几内亚的伞蜥是众多蜥蜴中最为迷人的品种之一。它是在19世纪80年代被发现的。这种大型、纤细的树栖蜥蜴立刻吸引了当时的研究者。

残奥会吉祥物

在其他国家，这种蜥蜴可能并不为人所熟知，但在它们的栖息地澳大利亚，伞蜥的受欢迎程度几乎与考拉相当。2000年的悉尼残奥会选择了这种蜥蜴作为吉祥物，它颈部的伞状领圈皮膜被巧妙地设计成了澳大利亚和塔斯马尼亚的轮廓形状。遗憾的是，伞蜥如今正面临种群减少的危机，捕食者的威胁，森林火灾，以及正不断被农业侵占的生存环境都让它们的生存日益艰难。

收起状态的伞状领圈皮膜

隐匿之术

伞蜥善于隐藏自己的身影，天然的保护色使它们能够与周围环境完美融合。这种蜥蜴生活在树上，当它们紧贴树枝、头部微微倾斜时，看起来就和树瘤一样，几乎无法被观察者发现。伞蜥大多数时间都在静静观察着昆虫、其他无脊椎动物和小蜥蜴，这些都是它们的主要食物来源。一旦在地面上出现猎物，它们会迅速从树上跃下，用后脚迈开大步捕捉猎物。然而，一旦伞蜥离开了树木的庇护，它们就很容易成为捕食者的目标。

伞蜥也会用这种方式来威慑入侵其领地的对手，尤其是对求爱期间的其他雄性竞争者

形似鳄鱼爪

威慑之伞

面对潜在的威胁，伞蜥会大胆地迎向攻击者，同时张开它那鲜红的嘴巴。伴随着嘴部肌肉的收紧和软骨的支撑，它们颈部的伞状皮褶迅速展开，最大直径可达35厘米，像是突然在你面前展开一把伞。

如果这一举动仍不能威慑攻击者，伞蜥会迅速逃到最近的树上。在短距离奔跑时，它的速度可以达到惊人的每小时30千米

墨西哥钝口螈
Ambystoma mexicanum

体长： 最长可达 30 厘米
纲： 两栖纲
目： 有尾目
科： 钝口螈科

墨西哥钝口螈
幼态延续

墨西哥钝口螈主要在水中生活，只是偶尔在陆地上活动，所以它们的四肢发育不太强健

真的需要等到完全成熟才能传宗接代吗？实际上，某些动物在未达到完全成熟的阶段就开始繁殖。墨西哥钝口螈，我们常称之为"六角恐龙"，正是这样的生物之一。

美洲

长背鳍

羽状外鳃

墨西哥钝口螈头部两侧长有三对细长的羽状鳃，帮助它们直接从水中吸取溶解的氧气进行呼吸

在野外灭绝了吗？

野生墨西哥钝口螈原本仅在墨西哥中部的两个湖泊中生活：查尔科湖（如今已消失）和霍奇米尔科湖。霍奇米尔科湖原本面积可达35平方千米，但如今已被分割为墨西哥城内的众多小水道。再加上当地居民长期捕猎它们作为食物，这种生物在野外是否仍然生存，已经成了一个谜。

比蜥蜴还强的再生能力

墨西哥钝口螈拥有非凡的再生能力，尤其是在幼年时期。它们不仅能重新长出部分鳃或尾巴，甚至还能完整地再生失去的前肢或后肢。

幼态延续

大部分两栖动物从蝌蚪形态孵化，然后经过变态发育成为成熟个体。但部分有尾两栖动物的幼体与成年形态相似，区别在于幼体保留了外部鳃和未完全发育的眼睑。墨西哥钝口螈就是这个家族的一员，它始终保持幼体形态，很少进化为完全的成体。当它们长到一定大小时，便可以开始繁衍后代。这种生物现象被称为幼态延续。

墨西哥钝口螈的羽状鳃

尽管在野外的生存数量尚不明确，墨西哥钝口螈在世界各地的实验室和爱好者养殖中却数量众多。在这些人工环境中，它们的繁殖力很强，雌性钝口螈一次甚至能产下数千枚卵

杰出贡献

1917年，在巴黎的一个实验室里，人们首次成功地实现了墨西哥钝口螈的人工变态过程。这一划时代的突破归功于一位杰出的波兰学者，毕业于雅盖隆大学的劳拉·考夫曼教授。她在钝口螈幼体的食物中加入甲状腺激素——酪氨酸，成功促成了这一变态过程。

北美洲

拟鳄龟

Chelydra serpentina

体长： 龟壳最长可达50厘米
纲： 爬行纲
目： 龟鳖目
科： 鳄龟科

拟鳄龟
威猛的攻击者

说到乌龟，浮现在我们脑海中的往往是它们缓慢、笨拙的形象，似乎它们总是行动迟缓，只能选择被动防御。然而，拟鳄龟却完全打破了这一刻板印象。这种具有攻击性的乌龟主要生活在北美洲，从落基山脉至大西洋的广大地区都可以看见它们的踪影。

拟鳄龟的背甲相对平坦，上面有3条纵向分布的棱脊。而它的腹甲则明显偏小，这使得它无法像其他乌龟那样完全缩入甲壳中

锋利的下颌

强壮的爪子

雌性拟鳄龟每次的产卵数能够达到40个左右

小拟鳄龟看起来并不具有危险性

水中的捕食者

拟鳄龟主要栖息在沼泽、湖泊、流动缓慢的河流和养殖池中，也能适应含盐量较低的咸水环境。它们尤为喜欢河底部泥泞和水生植物丰富的地方，这为它们提供了隐蔽的捕猎和休息之地。它们是杂食性动物，捕食蜗牛、鱼、青蛙、蜥蜴、水鸟、小型哺乳动物，甚至不放过腐肉。它们偶尔也会吃一些植物。

幼龟的自卫策略

新孵化的幼龟由于体形小，经常成为众多天敌的猎物，如苍鹭、美洲水蛇、浣熊、水獭、臭鼬和狐狸。为了生存，无论幼体还是成年拟鳄龟，它们都有一套特殊的自卫策略——以攻代守。由于无法完全缩入甲壳中躲避，拟鳄龟会选择主动进攻。这种乌龟的攻击性极强，足以制服体形较小的捕食者。

危险！不要碰！

与成年拟鳄龟的不慎接触可能会造成严重伤害。世界各地常有报道指出有人被拟鳄龟咬伤，甚至有孩子的手指被咬断的情况。

69

水下的侦探

过去，印第安人会利用拟鳄龟来寻找溺水的尸体，特别是在可见度很低的水域。他们会将一根绳子绑在拟鳄龟的腿上，然后放入可能有尸体的水域寻找遗体，这时的拟鳄龟仿佛是水下的侦探。

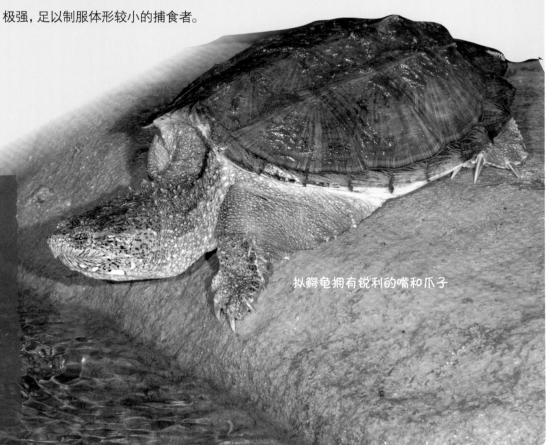

拟鳄龟拥有锐利的嘴和爪子

美洲

巴西红耳龟
Trachemys scripta elegans

体长: 龟壳最长可达 30 厘米
纲: 爬行纲
目: 龟鳖目
科: 泽龟科

巴西红耳龟
全球范围的入侵物种

为何一个中等体形, 数世纪以来仅在美国东南部和墨西哥东北部生活的水生乌龟, 如今却成为全球生物学家关注的中心? 就算它的游泳能力再强, 也不可能横跨大洋去开拓新的领地。但目前巴西红耳龟却是世界各地最为知名的入侵物种之一。

红色斑点

外来入侵者

据国际自然保护联盟的数据, 巴西红耳龟已被列为世界百大外来入侵种之一, 这意味着它们对入侵的生态系统构成了严重威胁。令人惊讶的是, 这一现象竟起因于一部流行漫画。

水库是巴西红耳龟最喜欢的地方之一

"忍者神龟"效应

这种外表小巧、模样可爱的乌龟常常被人们带回家作为宠物。这一现象的背后，与一部在全球大受欢迎并被改编成电影的美国漫画——《忍者神龟》有关。这部作品不仅在美国，也在全球掀起了一股"乌龟热"。但随着时间推移，它们迅速成长，不仅外貌变得不再那么吸引人，还因为需要更加频繁的清洁护理而成为一种"负担"。

巴西红耳龟有着惊人的适应力，甚至能够忍受寒冷的冬季

随着体形的增长，巴西红耳龟不再是理想的家养宠物

无尽的扩张

巴西红耳龟的适应能力极强，不仅能在新环境中生存、越冬，还能成功繁殖并形成稳定的种群，对本地生态造成威胁。目前，这种乌龟在很多国家都已建立了野生种群，只要环境条件适宜，它们就能成功繁殖。它们不仅对本地的龟类构成了威胁，还影响了其他物种的生存。

巴西红耳龟幼龟身体呈鲜绿色，大小与瓶盖相似

多变的食性

巴西红耳龟幼龟以肉食为主，但随着年龄的增长，它们的饮食逐渐转向杂食，开始吃植物。它们在水中捕食，主要以小型无脊椎动物、鱼和其他小型脊椎动物为食。实际上，它们对食物并不挑剔，甚至会吃腐肉。

角蜥

Phrynosoma coronatum Blainvile

体长： 12～13 厘米
纲： 爬行纲
目： 有鳞目
科： 角蜥科

角蜥
血色之眼

角蜥是一种小型蜥蜴，主要栖息在沙漠和半沙漠地带，因为长得像蟾蜍，它也被称作"角蟾"

我们经常用面部红胀、青筋暴起来形容人发怒时的样子。但这句话只能用来形容人吗？事实上，在美国中南部（主要是得克萨斯州）以及墨西哥的北部，有这样一种生物，它真的可以因为防御需要而让血涌到头部，甚至从眼睛中喷射出来。

头部的"角"

防御策略

角蜥并不常用快速移动来逃避天敌，但它有其他防御敌害的法宝。一个就是它的保护色：角蜥的身体颜色与沙漠颜色非常相似，为其提供了天然的伪装。当面临威胁时，它会迅速钻入沙土中躲藏。但如果真的被敌害发现，它还有一招独特的防御手段。

美洲

面对威胁，角蜥会迅速膨胀身体，使自己看起来更大、更难以被捕食。对于一些小型掠食者来说，试图吞下一个充满刺的、膨胀的蜥蜴，无疑是一项巨大的挑战，甚至可能对自己造成伤害

血液警告

角蜥独特的防御手段是从眼角喷射血液，这一射程甚至可以达到惊人的1.5米。它们血液的味道非常难闻，因此会让大部分掠食者放弃捕食的念头。

这一特性与角蜥独特的饮食习惯有关，它们主要以大红蚁为食，其余则是其他小昆虫和它们的幼虫。

伪装并不总是有效的

生存危机

尽管受到了一定的保护，角蜥的数量仍在不断下降，主要的原因是它们的生存空间正受到人类活动的侵蚀。以农业发展为例，农业扩张改变了它们的生活环境，农药的使用破坏了它们的食物链。道路的建设增加了它们死于车轮下的可能，同时，公路旁的电线杆为飞行的掠食者提供了更多的瞭望点，使它们更容易被捕捉到。

来自火蚁的威胁

对角蜥来说，最大的威胁来自于从南美洲引入的非常具有侵略性的火蚁。这种蚂蚁对它们来说是有毒的，也对当地的其他生物构成威胁。对于刚刚孵化、仅有1.5厘米长的小角蜥，火蚁无疑是一个致命的敌人。

战斗力强悍的火蚁群

吉拉毒蜥
Heloderma suspectum

体长： 最长可达 60 厘米
纲： 爬行纲
目： 有鳞目
科： 毒蜥科

吉拉毒蜥
剧毒但懒散的捕猎者

吉拉毒蜥行动缓慢且笨拙，在寻找食物的时候，速度很难超过每小时1.5千米，这大约只有人类步行速度的四分之一。但这并未阻碍这位沙漠怪兽在过去的几千年里成功捕猎和生存。

沙漠怪兽

吉拉毒蜥主要生活在索诺拉、莫哈维和赤瓦瓦沙漠的边缘地带，广泛分布在美国的西南部以及墨西哥的西北部。由于这种蜥蜴在美国亚利桑那州的希拉河盆地被首次发现，因此它又被称为希拉毒蜥。

醒目的颜色

吉拉毒蜥的外观极为醒目。它鲜艳的颜色向掠食者发出了明确的警告："我是有毒的，接近我很危险——离我远点！"

悠然自得

吉拉毒蜥从不着急捕猎。它主要以鸟蛋、雏鸟和无法快速逃脱的小型哺乳动物为食。对于腐肉，它也绝不嫌弃。在一次进食中，它能摄取相当于自己体重三分之一的食物，而在更为年幼时，这个比例甚至能达到二分之一。饱餐一顿后，吉拉毒蜥会在尾巴中储存脂肪，这些脂肪足以支撑它在没有食物的情况下生存数月，而不会对健康产生任何负面影响。

吉拉毒蜥一年只需进食几次

吉拉毒蜥的生活节奏十分缓慢，它能在岩石的缝隙或洞穴中度过90%的时间。这些隐蔽的地方为它提供了一个稳定的生存环境

防御性毒液

当面临威胁时，吉拉毒蜥会果断地咬住对手，并通过持续撕咬将毒液注入对手的伤口中。它的毒牙隐藏在下颚，毒液通过牙沟渗入唾液中而进入伤口。

尽管它的毒液毒性极高，但主要用于自我防御。对于人类来说，这种毒液虽然不致命，但被咬后可能会引起剧烈的疼痛、局部肿胀、恶心、发热、血压不稳，甚至昏厥。目前，人类还没有研制出针对此种毒液的特效解毒药。

你知道吗？吉拉毒蜥毒液中的成分具有多种潜在的医疗效用，如抑制肺癌细胞的生长，用于治疗2型糖尿病、阿尔茨海默病、精神分裂症，甚至是注意缺陷多动障碍和艾滋病。毒液中的某些成分还对提高记忆力有显著效果。因此，早在1952年，吉拉毒蜥就被列为北美首个受法律保护的有毒动物

束带蛇

Thamnophis sirtalis

体长: 55～75 厘米
纲: 爬行纲
目: 有鳞目
科: 游蛇科

束带蛇
群居的乐趣

束带蛇也叫剑纹带蛇，在北美洲分布范围较广，从加拿大一路延伸至墨西哥的北部。在如此广袤的地域中，它们演化出了多达十几个亚种，在颜色和体形上均有所区别。

引人注目的颜色

美洲

旧金山红边束带蛇的颜色是最艳丽的

鲜红的头顶

集结过冬

生活在南方的束带蛇全年活跃，而北方的则会进行冬眠。当秋季来临，生活在北方的束带蛇会开始寻找避寒之地，集结在一处等待春天的到来。在加拿大，冬季温度有时会骤降至-40℃，这时它们往往选择在几米深的岩石缝隙中群居。一个藏身地点可能汇聚了数百乃至数千条束带蛇。这种群居方式有助于它们度过寒冷的冬季，因为微小的新陈代谢也能产生一定的热量，而大量的蛇聚集在一起能够在一定程度上提高温度。

春天到来时，束带蛇们已经为交配做好了准备。雌蛇在受孕2~3个月后会生下幼蛇

水游蛇的亲戚

束带蛇与水游蛇是近亲，主要在水环境附近生活。束带蛇栖息于湿润的森林、草地、湿地、湖泊和溪流旁，偶尔也会出没于农田。它们的食物主要包括两栖动物和鱼类，偶尔也会捕食雏鸟和小型哺乳动物。对于幼蛇来说，蚯蚓是它们主要的食物来源。

窃取温度

到了春天，首先从冬眠中醒来的是数量众多的雄蛇。它们从洞里出来晒太阳，并等待雌蛇醒来。有趣的是，束带蛇中存在着一种被称为"窃取温度"的行为。部分雄蛇会暂时释放出雌性信息素（一种气味引诱物），其他被这种气味吸引而来的雄蛇会与它们进行身体摩擦，试图赢得这一"假雌蛇"的欢心。这种摩擦会产生热量，而"伪装者"则会吸收并储存这些热量。

在交配季节，每条雌蛇都会吸引到十几条甚至更多的雄蛇。交配结束后，雄蛇和雌蛇便各自散开

西部菱斑响尾蛇

Crotalus atrox

体长: 最长可达 2.2 米
纲: 爬行纲
目: 有鳞目
科: 蝰科

78

美洲

西部菱斑响尾蛇
北美最危险的蛇

西部菱斑响尾蛇的身体相当粗壮,头部突出,眼部后方藏有毒腺。在眼和鼻孔之间具有颊窝,是一对灵敏的热能感受器。通过这一器官西部菱斑响尾蛇能够精准地探测到温度的细微变化,因此,它们不仅能凭借气味,还能依据温度来追踪猎物。

灵敏的热感知器官

独特的菱形纹理

响尾

钻石响尾蛇

响尾是由连续的蜕皮残留物组成的，随着蛇年龄的增长而逐渐延长。尽管有风险，但每次蜕皮后都会增添新的响尾段。当响尾蛇摇动尾巴时，其频率可以达到每秒40~60次，声音能够传到数十米之外

西部菱斑响尾蛇的背部饰有深色的菱形和六边形图案，每个图案都被明亮的边缘所衬托，所以也叫西部钻石响尾蛇。这一生物的尾巴如同其他响尾蛇一样，装饰着标志性的响尾，这是它们的防御器官，用以警告潜在的敌人："小心，你已踏入我的领地。"

致命威胁

西部菱斑响尾蛇的危险名声并非空穴来风。每年，它们都是美国因蛇咬伤致死事件的主要元凶。它们的毒液能够破坏人体循环系统，导致内出血、组织坏死，并可能导致部分麻痹呼吸系统。但相对于其他近亲种类，西部菱斑响尾蛇的毒液含量较少。

"神秘的力量"

响尾蛇被认为具有治疗各种疾病的"神秘力量"，各个部位都会被制成护身符。对于霍皮族印第安人来说，他们的"蛇舞"是一种重要的仪式，舞蹈中，他们会在农田上释放捕获的蛇。有的人还相信用响尾蛇皮制成的腰带能治疗风湿，而在蛇头上喝朗姆酒可以治疗肺结核。

大型响尾蛇在一次攻击中能注射高达800毫克的毒液，这样的毒液量足以致命

农田的危险盟友

西部菱斑响尾蛇的生活范围包括墨西哥湾、大西洋沿岸到太平洋的加利福尼亚半岛。它们能适应各种环境：沙漠、半沙漠到沙质、岩石地带，再到草地、森林……在农田中，虽然它们不太受欢迎，但也扮演着守护者的角色，捕食危害农作物的生物。

西部菱斑响尾蛇95%的食物是小型哺乳动物，它们尤其偏爱草原犬鼠

甘蔗蟾蜍

Rhinella marina

体长： 10～15 厘米
（最长可达 38 厘米）

纲： 两栖纲
目： 无尾目
科： 蟾蜍科

甘蔗蟾蜍
分布各地的入侵者

尽管许多入侵物种是由人类无意中带到其他地方的，但对于甘蔗蟾蜍——这种世界上最大的蟾蜍来说，其扩散却是人类有意为之的结果。直到多年后，人们才认识到这一行为带来的严重后果。

棕色疣状皮肤

甘蔗蟾蜍的皮肤上布满了毒腺

致命的毒素

甘蔗蟾蜍皮肤腺体分泌的毒素对许多动物都是致命的。不仅如此，它的卵和蝌蚪也有强烈的毒性。任何尝试捕食甘蔗蟾蜍的动物，无论大小，都可能因此丧命。近年来，在澳大利亚的部分地区，鳄鱼的数量出现了明显的下降，许多研究者认为这与甘蔗蟾蜍种群的扩张密切相关。

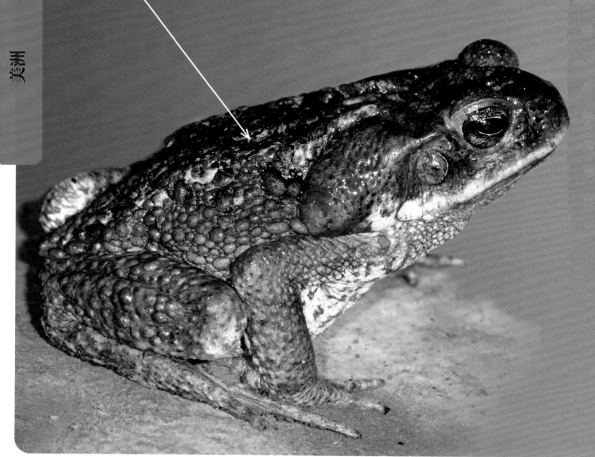

来自美洲的大胃王

甘蔗蟾蜍原本栖息在北美的得克萨斯州至南美的巴塔哥尼亚地带。这种蟾蜍能够适应各种环境，从广袤的草原到浓密的森林都是它的生存之地，但它特别喜欢人类开垦的地方，如农田，因为那里食物丰盛。甘蔗蟾蜍的食量大得惊人，凡是比它小的生物，无论是蜘蛛、青蛙、小蛇，还是鸟类和小型哺乳动物，都可能成为它的食物。

甘蔗蟾蜍的惊人体形

不仅是害虫的天敌

早在19世纪，美国农民就已经发现甘蔗蟾蜍对农作物害虫的天然控制效果，尤其是对那些破坏玉米田的啮齿动物和昆虫。进入20世纪，人们开始有意识地将这种蟾蜍引入其他地区，如马提尼克、巴巴多斯、牙买加、海地和日本。但是，1937年，当它们被引入新几内亚和澳大利亚时，造成了当地严重的生态灾难。甘蔗蟾蜍很快适应了新环境并开始大量繁殖，这对当地的多种生物，包括一些稀有和受保护的物种，产生了巨大威胁。

惊人的繁殖力

甘蔗蟾蜍的繁殖能力令人咋舌。一只成年雌性蟾蜍每次可以产下高达30 000枚卵。短短几天后，这些卵便孵化成食量巨大的蝌蚪。仅一个月的时间，它们就能长成小蟾蜍。虽然在成长过程中，很多小蟾蜍会被其他捕食者吃掉，但由于其惊人的繁殖力，种群数量仍在急速上升。

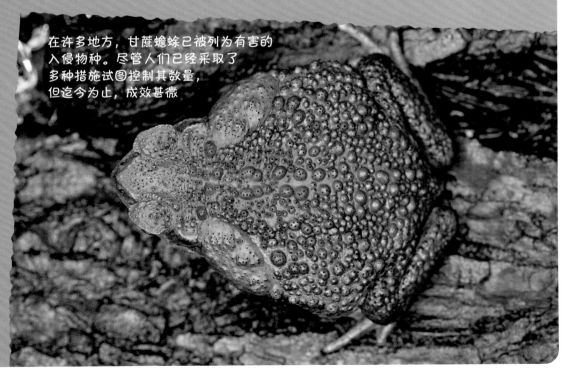

在许多地方，甘蔗蟾蜍已被列为有害的入侵物种。尽管人们已经采取了多种措施试图控制其数量，但迄今为止，成效甚微

美洲

红眼树蛙
Agalychnis callidryas

体长：最长可达 5 厘米
纲：两栖纲
目：无尾目
科：叶泡蛙科

红眼树蛙
两栖世界中的鹦鹉

大部分两栖动物都有保护色，帮助它们与周围环境融为一体。红眼树蛙这种生活在热带雨林中的小生物，身上呈现出鲜亮的绿色，宛如雨林中新长出的嫩叶。它们在夜间四处活动，而在白天则静静地藏匿于植物的叶子之间。

红眼树蛙将四肢紧贴身体，眼睛则被带有淡黄色大理石纹的半透明眼皮遮住，形成了一种完美的伪装。这对树蛙夫妇的伪装堪称完美，雄蛙的体形明显小于雌蛙

鲜艳的血红色

当红眼树蛙感到威胁时，它会突然睁大眼睛，这一行为可能会暂时震慑到潜在的敌人，为它争取到宝贵的逃生时间。这种两栖动物有着与身体不成比例的大眼睛和垂直的瞳孔，虹膜呈现出鲜艳的血红色。

身体两侧蓝黄相间

橘红色的脚趾

只有当红眼树蛙活动时，你才能欣赏到它身上的其他鲜艳色彩。它们橘红色的脚趾上的吸盘能够帮助它们在植物间轻盈地跳跃或移动

红眼树蛙体形修长，这一特点使得它们在夜间狩猎时显得格外敏捷。它们的动作缓慢而稳重，每一步都谨慎得好像在冰面上行走，只有在确认自己处于理想的攻击位置后，它们才会迅速发起攻击

为水而战

红眼树蛙栖息于美洲中部至墨西哥的热带雨林之中，这片森林为它们创造了一个全年湿润的生活环境。对这些树蛙而言，靠近水源的栖息地至关重要——无论是小湖泊、湿地还是深水坑都可以。雄性树蛙会为了争夺这些地盘而进行激烈的战斗。斗争并不见血，主要靠相互推搡决出胜负，胜者通常是身形更为强健、反应更加灵敏的一方。位于水边的优越地理位置意味着占据繁殖的有利位置。

水中摇篮

与许多其他两栖动物不同，红眼树蛙并不在水中产卵，而是选择产在水上植物的叶子上，每次约40枚。这一策略大大降低了被天敌察觉的风险。当卵孵化为小蝌蚪时，它们会直接掉入水中，开始独立寻找食物。大约6个月后，它们完成变态，踏上陆地展开新生。

红眼树蛙以昆虫为食，以它们的体形能够轻松捕食这些小生物

海鬣蜥

Amblyrhynchus cristatus

体长： 约130厘米
纲： 爬行纲
目： 有鳞目
科： 美洲鬣蜥科

海鬣蜥
奇迹般的适应力

不同亚种的颜色各不相同，其中来自海地岛的海鬣蜥是色彩最丰富的

在加拉帕戈斯群岛栖息着许多在世界其他地方见不到的物种。其中以海鬣蜥尤为特殊，它是唯一能适应咸水环境生存的蜥蜴。由于这些鬣蜥散居在各个相隔甚远的岛屿上，因此它们进化出了几个有细微差异的亚种。

美洲

海鬣蜥的嘴巴形似钳子，有助于它们撕扯海藻。它们深色的皮肤有助于它们在阳光照射下迅速吸收热量，从而有效地调节体温

背部的角刺 →

钳子状的嘴巴

潜海猎者

幼年和雌性海鬣蜥主要以被海水冲上沙滩的海藻为食。相比之下，成年雄性海鬣蜥则有能力潜水至20米深，并能在水下逗留长达1小时寻找食物。长时间潜水使它们体温下降，因此它们从水中上岸后动作迟缓，只有在阳光下身体暖和后，它们才能重新变得有活力。

海鬣蜥幼崽

幼崽的奇特食谱

雌性海鬣蜥会在岛屿深处挖掘洞穴，产下1~6枚蛋。3个月后，小鬣蜥破壳而出，并迅速迁移至海岸。令人惊讶的是，它们最初的食物竟是成年鬣蜥的排泄物。这听起来可能有些不雅，但这种饮食方式为幼鬣蜥提供了消化海藻所需的细菌。

雄性海鬣蜥体形比雌性要大得多。它们的尾巴细长且直，不仅是潜水时控制方向的工具，也提供了游泳的推动力。而它们锋利的爪子则主要用于抓住水下的岩石或在陆地上缓慢行走

致命的厄尔尼诺现象

鸟类、海鸥和螃蟹都热衷于捕食海鬣蜥的蛋和幼崽。对成年鬣蜥来说，野猪、野狗、猫和老鼠则更有威胁。然而，真正对海鬣蜥的生存造成严重威胁的是厄尔尼诺现象。这一气候变化导致太平洋水温显著上升，进而使海鬣蜥的主要食物来源——绿色藻类数量骤减，而对它们来说不可食用的棕色藻类会大量繁殖。食物短缺造成了大量海鬣蜥死亡，在某些种群中，因食物短缺造成的死亡甚至占种群总量的85%~90%。

在交配季节，雄性海鬣蜥之间会上演激烈而又不流血的角斗

为了健康

海鬣蜥在食用海藻的同时，也摄入了大量的盐分。为了保持身体的健康，它们需要排出体内的多余盐分，而这一过程是通过鼻子里的盐腺来完成的。因此，它们时常会用打喷嚏的方式来排出体内的盐分。

绿双冠蜥

Basiliscus plumifrons

体长: 雄性最长可达 90 厘米
　　　雌性最长可达 50 厘米

纲: 爬行纲
目: 有鳞目
科: 海帆蜥科

绿双冠蜥
水面上的奔跑者

绿双冠蜥的后肢比前腿强壮得多。雄性蜥蜴的背部和尾部长有帆状背鳍,而头部则有一对由骨质棘支撑的醒目头冠

面对危险,大部分陆生动物会迅速寻找避难所,如茂密的灌木、隐蔽的洞穴或岩缝中,有的甚至选择跳入水中躲避。然而,绿双冠蜥采用了一种特殊的策略:当它们在悬垂于水面的树上遇到威胁时,这种蜥蜴会果断地跳入水中并在水面上"奔跑";在陆地上,它们依赖强健的后腿迅速向水边奔跑,并在接触到水面后仍然维持这种"行走"的方式。

头部的脊突

帆状背鳍

与雄性不同,雌性和幼年绿双冠蜥没有背鳍

水上"奔跑"的奥秘

绿双冠蜥能够在水面上"奔跑"得益于其独特的生物结构。它们长长的尾巴确保了重心主要集中在后腿部位,这有助于它们用后腿稳定且快速移动。而让绿双冠蜥浮在水面的秘密是脚底特殊排列的鳞片,这种排列方式会产生气垫效应,使它们得以在水面上弹跃前进。利用这种技巧,这一敏捷的小生物能够以每秒1.6米的速度奔跑。

雨林中的捕食者

绿双冠蜥主要分布在中美洲的部分地区,如哥斯达黎加(1876年绿双冠蜥在此地第一次被发现)、尼加拉瓜,以及洪都拉斯和巴拿马的部分地区。它们优先选择靠近水源的热带雨林作为栖息地。

绿双冠蜥大部分时间都在树冠中活动,猎食包括从昆虫到小型蛇类的各种小动物。这种蜥蜴的饮食习性并不局限于肉食,它们偶尔也会吃花朵和果实

绿双冠蜥有时甚至能捕获到小蝙蝠,但它们的主要食物依然是各种无脊椎动物

绿鬣蜥

Iguana iguana

体长： 最长可达 2 米
纲： 爬行纲
目： 有鳞目
科： 美洲鬣蜥科

绿鬣蜥
绿色的"小龙"

绿鬣蜥绝对是爬宠饲养缸中的一颗明珠，它斑斓的色彩远不止名字中带有的"绿色"

宠物界的明星

这一神奇的生物在世界范围内的养宠人士中广受欢迎，已然成为异域宠物的热门选择。大多数绿鬣蜥都是人工繁殖出来的。

如果从众多现存的爬行动物中选出一种最接近传说中的喷火龙（虽然是迷你版本）的生物，绿鬣蜥是毫无争议的首选。虽然它没有翅膀，但只要稍微进行放大，并融入些许艺术加工，它就能完美地融入任何古老传说或震撼、恐怖的影片中。

美洲

背部的尖刺

喉咙下的
颈下垂皮

长长的爪子

热带居民

绿鬣蜥的足迹遍布墨西哥南部至玻利维亚、巴拉圭和巴西的广袤地区，在一些加勒比海的岛屿上也有它的踪影。作为热带的居民，绿鬣蜥无法忍受寒冷。2008年，南佛罗里达遭遇了突如其来的冷气团侵袭，大量被冻僵、进入半休眠状态的绿鬣蜥从树上掉落，落满了公园和花园的草坪，形成了一场被媒体称为"冷鬣蜥雨"的奇景。

鬣蜥喜欢栖息在树冠和浓密的灌木中，主要以树叶和果实为食。雌性鬣蜥除了在繁殖季节会到地面上挖洞产卵，其他时间它们几乎不会下地

"小龙"的足迹

在世界各地，从养殖场中逃出或被人类放生的绿鬣蜥形成了自己的野生种群，成为具有破坏性的入侵物种。在美国的佛罗里达州和得克萨斯州乃至海地都出现了这种情况。在其他热带、亚热带地区也发现了它们的踪迹。

风浪中的征途

1995年，安圭拉岛（小安的列斯群岛之一）上的人们发现了绿鬣蜥的踪迹。事后证实，这些鬣蜥是由飓风带到此地的，这些小家伙与瓜德罗普岛上被风暴拔起的树木一同跋涉了近320千米。经历了3~4周的海上漂流后，它们在这片陌生的土地上建立了家园，并迅速繁衍生息。这可能就是绿鬣蜥在加勒比海岛屿开拓新家园的故事。

成年绿鬣蜥长有尖锐的爪子，方便爬树。在它们颈部至尾部的背脊上，长有一排梳齿状鳞片。此外，雄性鬣蜥喉部还有一块引人注目的颈下垂皮

金色箭毒蛙
Phyllobates terribilis

体长： 3.5~5厘米
纲： 两栖纲
目： 无尾目
科： 箭毒蛙科

美洲

警告色

金色箭毒蛙颜色明亮醒目。它们通体呈黄色、橙色或是淡绿色，上面散布着零星的黑色斑纹。面对威胁，金色箭毒蛙并不逃跑，而是静静地用其艳丽的身体发出"警告"信号。尽管它们没有毒牙，不会咬人，但它们鲜艳的体色起到了有力的警告作用。它们的皮肤中可以分泌出一种致命的毒素，即使没有受到刺激，箭毒蛙的皮肤上也一直覆盖着这种危险的毒素。

金色箭毒蛙
"恐怖"的代名词

在南美洲的哥伦比亚，太平洋海岸与中央科尔迪耶拉山脉之巅的一片狭小区域里，这些小蛙找到了它们的家园。金色箭毒蛙的整个分布区域仅1 473平方千米。听起来很大？但实际上，这个区域仅与一个直径为43千米的圆形区域大体相当。

光滑的黄色皮肤

黑色斑纹

食物与毒素

金色箭毒蛙并不能直接合成这种致命的毒素，而是从食物中摄取。作为肉食动物，它们喜欢捕食苍蝇、蚂蚁以及甲虫。有一种特定的长角甲虫很可能就是这致命毒素的主要来源。那么，年幼的金色箭毒蛙是否同样具有毒性呢？

致命武器

数百年来，美洲的印第安人深知金色箭毒蛙的致命之毒。他们利用这些蛙的皮肤分泌物为他们的箭上毒。印第安人或是直接用箭尖在蛙皮上摩擦，或是在火上烤蛙时将箭尖刺入其中，因为加热会使箭毒蛙分泌更多的毒素。即便放置多年，这些涂有毒素的箭的致命效果依然不减。

毒素的形成

刚刚经过变态的幼年金色箭毒蛙外表为黑色，身体两侧各有一道醒目的黄色条纹，此时的它们其实还不具有致命的毒性。在开始进食后，毒素逐渐在它们体内积累。饲养这些美丽的两栖动物的人很清楚这一点。当调整饲料组成后，成年箭毒蛙的皮肤毒性会减弱约60%，不过在未来几年内它们依然是有毒的。而那些在人工干预下孵化并食用非自然食物的幼蛙则完全无毒。

这些娇小美丽的生物仅凭其皮肤的一种分泌物就可以杀死10名成年男子，而1克金色箭毒蛙毒素就足以夺走约1.5万人的生命。要知道，这种毒素的毒性竟高达氰化物的5 000倍

雌性金色箭毒蛙会在湿润的环境中产下数十颗卵，而雄蛙则会尽责地保护它们，以确保卵不会因缺水而死亡。当蝌蚪孵化时，它们会黏附在雄蛙背部的黏液上，然后被带到安全的水塘或是存有雨水的凤梨叶片中

美洲

加拉帕戈斯象龟

Chelonoidis niger

体长： 最长可达 1.8 米
纲： 爬行纲
目： 龟鳖目
科： 陆龟科

加拉帕戈斯象龟
正在消失的巨龟

1535年3月19日，托马斯·德·贝尔兰加的船队在前往秘鲁的途中，因一场猛烈的暴风雨而偏离了原定航线，却意外发现了一个尚未被人类探索过的岛屿。令他们震惊的是，这个岛上栖息着数以千计的巨大乌龟。因此，托马斯在写给西班牙国王查理五世的信件中，将此地称为"乌龟群岛"。当时，他们还未意识到，人类的造访将给在这片土地上生活的巨物造成灾难性的影响。

小巧的头部

强壮的四肢

在2015年一份濒危物种名录中，加拉帕戈斯象龟实际上包括了14个不同的亚种，但遗憾的是，其中有2种被证实已灭绝

无情的掠夺

在岛屿被发现后的300年中，大批的加拉帕戈斯象龟被捕获并装入船只的货舱中运出。象龟在缺乏食物和水时仍具有惊人的生存能力，可以在饥饿状态下存活超过一年，这使它们成为船员们理想的食物储备。1829年，人类在这片岛群上建立了第一个定居点，并在约三年后设立了流放犯人的据点。人类带来的家畜、狗、猫和老鼠无疑加速了象龟数量的锐减。驴和山羊破坏了象龟赖以生存的植被，而牛群常常踏碎浅埋在地面上的象龟蛋。对于新出生的小象龟来说，狗、猫和老鼠是岛上极具威胁的天敌。

长寿的素食者

加拉帕戈斯象龟的平均寿命超过100年，它们在约40岁达到性成熟。据推测，2006年在澳大利亚昆士兰州动物园去世的象龟"哈丽"，很可能是查理·达尔文在1836年从加拉帕戈斯岛带回的几只幼龟之一，它活了足足175年。

拯救加拉帕戈斯象龟

雌性象龟会在地上挖出的小坑里产下几颗至十几颗台球大小的蛋，然后用后腿将其仔细掩埋。在一年的时间里，它们可能进行4次这样的孵化。1959年，在联合国教科文组织支持下建立的查理·达尔文研究站为保护象龟发挥了至关重要的作用。研究站从自然环境中采集象龟蛋，进行人工孵化，并在适当的时机将幼龟放归大自然。此外，岛上消灭山羊、野猪和老鼠的行动也对确保象龟的生存起到了关键性的作用。

素食习惯能延长寿命

刚从蛋中孵化的幼龟仅有6厘米长

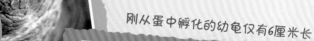

虽然象龟的基因多样性非常有限，但我们对于拯救这一物种仍然满怀希望。不过，这些象龟的未来始终取决于人类的抉择

美洲

钟角蛙
Ceratophrys ornata

体长： 最长可达12 厘米
纲： 两栖纲
目： 无尾目
科： 角蛙科

钟角蛙
受欢迎的宠物蛙

有人戏称，钟角蛙的身体几乎一半都是头，而这个头似乎又完全被它那看似永不满足的大嘴占据了。事实上，这种四肢短小、身材结实的两栖动物在形态上更接近蟾蜍而不是青蛙。钟角蛙主要栖息在南美洲东南部的热带雨林的落叶层中，分布区域包括巴西南部、乌拉圭和阿根廷。

棕绿相间的皮肤

"角"

长有巨大嘴巴的头部

野生的钟角蛙呈鲜亮的绿色，上面长有对比鲜明的棕色和红色斑纹

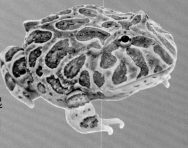

人类已经培育出多种颜色的钟角蛙，其中还包括白化品种

色彩的多样性

　　钟角蛙体宽而紧实，当它四肢收起并坐下时更为明显。此时，最引人注目的是它向上突起的眼睛，它的眼睛像一对尖尖的角，这也是它名字的由来。成年雌性角蛙的体重可达近0.5千克，雄性相对较小，体重也轻一些。

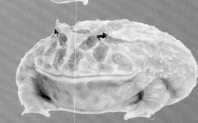

钟角蛙的习性中，较少的活动意味着节省能量和更高的安全性。因此，它们可以在饥饿状态下存活相当长的时间，这既不损害健康，又能避免被潜在的敌人发现

食欲旺盛

　　钟角蛙的食谱非常广泛，它们会捕食几乎所有能够捉到的生物。幼蛙主要以无脊椎动物为食，成年角蛙则以小鸟、小型哺乳动物、蜥蜴、蛇、同类的幼体为食。有时，它们甚至能吞下与自己体形差不多的猎物，只是吃下后腹部会有明显鼓起。

水族馆中的明星

　　钟角蛙是一种非常受欢迎的宠物蛙，是理想的观赏蛙类。但是，千万不要模仿童话中的情节去亲吻它们，期待它们变为王子或公主。钟角蛙拥有非常强壮的下颌，一旦受到威胁，它们会果断使用。

"坐着等待"的策略

　　相较于其他生物，钟角蛙的活跃度较低。除了繁殖季节，它们的生活方式可以用"坐着等待"来形容。它们通常会选择一个相对隐蔽、安全的地方坐下，等待猎物自己进入捕食范围。

钟角蛙是水族馆中常见的两栖动物

枯叶龟

Chelus fimbriata

体长： 最长可达 40 厘米
纲： 爬行纲
目： 龟鳖目
科： 蛇颈龟科

美洲

枯叶龟
像秋天的落叶

在南美洲的浅水区域生活着一种独特的生物——枯叶龟。这种大型乌龟喜欢在缓流河道、古老的河床、泥沼湖泊、池塘及沼泽地带生活。在沿海区域，特别是水深不超过半米的地方，它建立了自己的王国。

隐匿的猎手

枯叶龟独树一帜的捕食技巧令人称奇。它静静地伏在水底，悄无声息地等待着，直到毫无戒备的猎物误入其致命的圈套。枯叶龟高超的伪装能力让自己在游过的鱼类面前几乎隐形。当猎物接近时，它会迅速向前伸出头，猛地张开嘴巴。这一瞬间产生的吸力旋涡，将水和鱼一同吸入其口中。随后，它迅速闭上嘴巴，将水"过滤"出去，只留下猎物。之后，它便可以静静享受美餐，并等待下一个机会。

枯叶龟的头部宽大、扁平，呈三角形，小而有神的眼睛位于头部两侧，而鼻孔则长在一个长突起上

扁平的头部

精湛的伪装

　　枯叶龟的甲壳扁平而坚硬，上面有3条显著的嵴棱。幼年时期，它的甲壳呈现出鲜明的橙黄色，成年后逐渐转为暗黄褐色或棕色。当枯叶龟安然躺在河底并被泥浆部分覆盖时，它看起来就像一片正在腐烂的落叶，这使得它与周围环境完美地融为一体。随着时间流逝，这种乌龟的甲壳上逐渐有藻类生长，进一步增强了它的伪装效果。

幼龟的生存挑战

　　雌性枯叶龟会在森林边缘的腐烂落叶下挖穴产卵，每次可以产下多达30枚卵。这些卵被一层坚硬、富含碳酸钙的外壳所保护。枯叶龟的孵化期可能会持续200天，具体时间取决于当时环境的温度和湿度。新孵化的小乌龟身长大约为5厘米，在成长过程中，它们会面临众多天敌的威胁，尤其是大型肉食性鱼类。

在过去，长达1.8米的巨獭曾是枯叶龟最为可怕的天敌。然而，如今这种捕食者濒临灭绝，对枯叶龟的威胁已经明显降低

森蚺
Eunectes murinus

体长: 雌性可达 4.5 米
　　　雄性可达 3 米
纲: 爬行纲
目: 有鳞目
科: 蚺科

森蚺主要栖息在南美洲的大河中，如奥里诺科河、亚马孙河、巴拉那河以及巴拉圭河

美洲

森蚺
水中的巨蛇

　　当提到蟒蛇时，大多数人首先想到的可能是它是世界上最大的蛇，以及1997年美国上映的经典恐怖片《狂蟒之灾》。事实上，森蚺并不是世界上最长的蛇，最长蛇的头衔应当归于南亚的网纹蟒。然而，谈及体重，森蚺确实是当之无愧的王者，尤其是成年雌性，其体重往往可超过100千克。

独特的斑纹

细密的鳞片

徒劳的搜索

虽然时常有传闻声称森蚺的长度能超过10米，但却从未有人真正见过。在20世纪20年代，美国野生动物保护协会发出5万美元的悬赏，期望有人能够捕获一条超过30英尺（约9.1米）的活森蚺来证实此传闻，但这一奖金却始终无人认领。这一悬赏最终在2002年被撤销，以避免人类打扰这些蛇在自然中的生活。

水域之霸

因其庞大的体形，森蚺更喜欢在水中生活。在陆地上，它们的行动相对缓慢且笨拙。这种蛇的身体结构完美地适应了水中环境。森蚺会猎食各种大小适中的动物，最常吃的食物是水豚，当然也不会放过貘、美洲豹、凯门鳄等其他猎物。

森蚺的眼睛位于头部的前端，微微向上凸，这种结构使它们在身体几乎完全浸入水中时也能监视四周

99

危险的新娘

森蚺中有一种在爬行动物界相对罕见的行为——性食同类。有时，雌蛇会在交配后吃掉她的"丈夫"，这可能为她在长达6~7个月的怀孕期间提供能量补给，因为在这段时间内，她通常不会进食。雌蛇每次可以产下多达100枚卵，但通常是40枚左右。当小蛇破壳而出时，它们的体长已达70~80厘米。

森蚺平日喜欢独居，但在繁殖季节，一条雌蛇周围可能会聚集十几条雄蛇。这期间，雌蛇可能会选择与多个雄性交配

棱皮龟
Dermochelys coriacea

体长： 最长可达 2 米
纲： 爬行纲
目： 龟鳖目
科： 棱皮龟科

海洋

棱皮龟
海洋中的巨龟

棱皮龟作为现存的最大乌龟，颠覆了人们对"龟速"的固有印象。它不仅是移动最快的爬行动物，而且在1992年以每小时35.28千米的游泳速度打破了吉尼斯世界纪录。更令人震惊的是，它能轻松潜到1 000米以下的深海，在所有脊椎动物中，仅有部分鲸鱼比它潜得更深。

龟背上的纵棱

棱皮龟不仅是体形最大的乌龟，还是分布最广的爬行动物。无论在哪片海域，棱皮龟都留下了足迹。在寻觅食物的旅程中，部分棱皮龟甚至在几年时间里游出了长达1.8万千米的距离

鳍状的四肢

独特的构造

棵皮龟的身体构造非常特殊，不同于其他乌龟坚硬的骨质甲壳，它们的龟甲是以革质皮肤构成的，上面带有7条纵棱，而腹甲有5条棱。棵皮龟没有爪，四肢呈长而扁平的鳍足形状，非常适合在水中游动。虽然大部分爬行动物是冷血的，但棵皮龟得益于其活跃的游泳模式和特殊的血液循环，体温可以比周围水温高出许多，这使它们甚至有能力深入北极地区。人们曾见过这些龟在大约4℃的水中觅食。

带状水母

短暂的陆上生活

成年雄性棵皮龟几乎一生都在水中生活，交配时也不例外。雌性仅在超过涨潮线的沙滩上挖洞产卵时才会短暂地踏上陆地。孵化完卵后，它们会迅速返回大海的怀抱，雌性棵皮龟通常每隔2~3年繁殖一次。

大餐与大捕食者

棵皮龟的食谱中时常出现蜗牛、乌贼和海藻，但它们主要还是以水母为食。鉴于水母不是一种高热量的食物，所以棵皮龟需要大量摄食。它们最常捕食的是带状水母，这种水母的直径可以达到2米，触须长度更是达到了惊人的30米。要在海中捕食水母，就像在没有勺子的情况下吃布丁。为确保猎物不轻易溜走，棵皮龟的嘴和食道布满了锐利的角质刺。

刚孵化的小棵皮龟只有大约6厘米长，完全没有防御能力。为了避免成为食肉动物的捕食对象，它们必须立刻潜入海中。经过几年的成长，它们的甲壳变得坚硬，体形增大，此时它们才会相对安全一些

龟蛋是许多动物的美食。浣熊、猫鼬、负鼠、野猪等都会挖开棵皮龟的产卵穴找龟蛋吃，不少地区的人也将龟蛋视为美味